高职高专装配式混凝土建筑系列教材

U0270913

装配式建筑施工技术

肖明和　张　蓓　主　编

苏　洁　张晓云　张　营　王启玲　副主编

中国建筑工业出版社

图书在版编目（CIP）数据

装配式建筑施工技术/肖明和，张蓓主编. —北京：
中国建筑工业出版社，2018.1（2022.12重印）
高职高专装配式混凝土建筑系列教材
ISBN 978-7-112-21777-9

Ⅰ.①装…　Ⅱ.①肖…②张…　Ⅲ.①建筑施工-技术-
高等职业教育-教材　Ⅳ.①TU74

中国版本图书馆 CIP 数据核字（2018）第 009307 号

　　本书根据高职高专院校土建类专业的人才培养目标、教学基本要求、装配式建筑施工技术课程的教学特点和要求，结合国家大力发展装配式建筑的国家战略及住房和城乡建设部《"十三五"装配式建筑行动方案》等文件精神，并按照国家、省颁布的有关新规范、新标准编写而成。

　　本书共分 6 部分，主要内容包括绪论、构件装车码放与运输控制、现场装配准备与吊装、构件灌浆、现浇构件连接、质检与维护等。本书结合高等职业教育的特点，立足基本理论的阐述，注重实践技能的培养，按照装配式混凝土建筑现场施工的全工艺流程组织教材内容的编写，同时嵌入装配式混凝土结构现场施工软件实训相应模块，把"案例教学法""做中学、做中教"的思想贯穿于整个教材的编写过程中，具有"实用性、系统性和先进性"的特色。

　　本书可作为高职高专工程造价、建设工程管理、建筑工程技术及相关专业的教学用书，也可作为本科院校、中职、培训机构及土建类工程技术人员的参考用书。

　　为更好地支持相应课程的教学，我们向采用本书作为教材的教师提供教学课件，有需要者可与出版社联系，邮箱 jckj@cabp.com.cn，电话：01058337285，建工书院 http://edu.cabplink.com。

责任编辑：高延伟　吴越恺
责任设计：李志立
责任校对：姜小莲

高职高专装配式混凝土建筑系列教材
装配式建筑施工技术
肖明和　张　蓓　主　编
苏　洁　张晓云　张　营　王启玲　副主编

*

中国建筑工业出版社出版、发行（北京海淀三里河路9号）
各地新华书店、建筑书店经销
北京科地亚盟排版公司制版
北京君升印刷有限公司印刷

*

开本：787×1092 毫米　1/16　印张：10¾　字数：267 千字
2018 年 2 月第一版　2022 年 12 月第十一次印刷
定价：**26.00** 元（赠教师课件）
ISBN 978-7-112-21777-9
（31538）

前　言

随着我国职业教育事业快速发展，体系建设稳步推进，国家对职业教育越来越重视，并先后发布了《国务院关于加快发展现代职业教育的决定》（国发〔2014〕19号）和《教育部关于学习贯彻习近平总书记重要指示和全国职业教育工作会议精神的通知》（教职成〔2014〕6号）等文件。同时，随着建筑业的转型升级，"产业转型、人才先行"，国家陆续印发了《关于大力发展装配式建筑的指导意见》（国办发〔2016〕71号）、住房和城乡建设部《建筑业发展"十三五"规划》（2016年）和住建部《"十三五"装配式建筑行动方案》（2017年）等文件，文件中提及要加快培养与装配式建筑发展相适应的技术和管理人才，包括行业管理人才、企业领军人才、专业技术人员、经营管理人员和产业工人队伍。因此，为适应建筑职业教育新形式的需求，编写组深入企业一线，结合企业需求及装配式建筑发展趋势，重新调整了建筑工程技术和工程造价等专业的人才培养定位，使岗位标准与培养目标、生产过程与教学过程、工作内容与教学项目对接，实现"近距离顶岗、零距离上岗"的培养目标。

本书根据高职高专院校土建类专业的人才培养目标、教学计划、装配式建筑施工技术课程的教学特点和要求，结合国家装配式建筑品牌专业群建设，并以《装配式混凝土结构技术规程》JGJ 1—2014、《装配整体式混凝土结构工程施工与质量验收规程》DB37/T 5019—2014、《混凝土结构工程施工质量验收规范》GB 50204—2015、《钢筋套筒灌浆连接应用技术规程》JGJ 355—2015、15G365—1《预制混凝土剪力墙外墙板》、15G365—2《预制混凝土剪力墙内墙板》、15G366—1《桁架钢筋混凝土叠合板（60mm 厚底板）》、15G367—1《预制钢筋混凝土板式楼梯》等为主要依据编写而成，理论联系实际，重点突出案例教学及新之筑装配式建筑软件应用，在每个案例的"任务实施"部分添加了二维码（任务实施三维视频），以提高学生的实践应用能力，具有"实用性、系统性和先进性"的特色。

本书由济南工程职业技术学院肖明和、张蓓主编；苏洁、张晓云、张营、王启玲任副主编；曲大林、李静文，山东新之筑信息科技有限公司周忠忍等参与编写。根据不同专业需求，本课程建议安排 48～64 学时。此外，结合装配式建筑课程的实践性教学特点，针对培养学生实践技能的要求，编写组另外组织编写了与本书相配套的《综合实训指导手册》同步出版，该书重点突出实操技能培养，以真实的项目案例贯穿始终，结合虚拟仿真案例实训平台，以提高学生的实际应用能力，与本书相辅相成，有助于学生更好地掌握装配式建筑施工的实践技能。本书由山东新之筑信息科技有限公司提供软件技术支持，并对本书提出很多建设性的宝贵意见，在此深表感谢。

本书在编写过程中参考了国内外同类教材和相关的资料，已在参考文献中注明，在此一并向原作者表示感谢！并对为本书付出辛勤劳动的编辑同志们及新之筑公司技术人员的大力支持表示衷心的感谢！由于编者水平有限，教材中难免有不足之处，敬请专家、读者批评指正。联系 E-mail：1159325168@qq.com。

目　　录

绪　　论

0.1　装配式建筑主要结构体系

装配式建筑根据主要受力构件的材料不同，可分为装配式混凝土结构、钢结构、钢-混凝土混合结构、木结构等建筑，本部分主要介绍装配式混凝土结构建筑。

装配式混凝土结构是由预制混凝土构件或部件通过可靠的连接方式装配而成的混凝土结构，包括装配整体式混凝土结构、全装配混凝土结构等。为满足因抗震而提出的"等同现浇"要求，目前常采用装配整体式混凝土结构，即由预制混凝土构件或部件通过可靠的方式进行连接，并与现场后浇混凝土、水泥基灌浆料形成整体的装配式混凝土结构。

装配式混凝土结构承受竖向及水平荷载的基本单元主要为框架和剪力墙。这些基本单元可组成不同的结构体系。

0.1.1　装配整体式混凝土剪力墙结构体系

装配整体式混凝土剪力墙结构体系为全部或部分剪力墙采用预制墙板构件，通过对构件之间连接部位的现场浇筑并形成整体的装配式混凝土剪力墙结构体系，简称装配整体式剪力墙结构。装配整体式剪力墙结构基本组成构件为墙、梁、板、楼梯等。一般情况下，楼盖采用叠合楼板，墙为预制墙体，墙端部的暗柱及梁墙节点采用现浇。

剪力墙结构比较适合高层住宅及公寓，完全能满足住宅户型灵活布置的需要，房间内没有梁柱棱角、整体美观，而且综合造价低，如图 0-1 所示。

图 0-1　装配整体式剪力墙结构示意图

0.1.2　装配整体式混凝土框架结构体系

装配整体式混凝土框架结构体系为全部或部分框架梁、柱采用预制构件，通过采用各种可靠的方式进行连接，形成整体的装配式混凝土结构体系，简称装配整体式框架结构。

装配整体式框架结构基本组成构件为柱、梁、板等。一般情况下，楼盖采用叠合楼板，梁采用预制，柱可以预制也可以现浇，梁柱节点采用现浇。

框架结构建筑平面布置灵活，造价低，使用范围广泛，主要应用于多层工业厂房、仓库、商场、办公楼、学校等建筑，如图0-2所示。

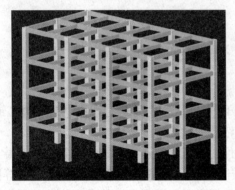

图0-2 装配整体式框架结构示意图

0.1.3 装配整体式框架-现浇剪力墙结构体系

装配整体式框架-现浇剪力墙结构体系为全部或部分框架梁、柱采用预制构件和现浇混凝土剪力墙建成的装配整体式混凝土结构。装配整体式框架-现浇剪力墙结构基本组成构件为墙、柱、梁、板、楼梯等。一般情况下，楼盖采用叠合楼板，梁采用预制，柱可以预制也可以现浇，墙为现浇墙体，梁柱节点采用现浇。框架-剪力墙结构既有框架结构布置灵活、使用方便的特点，又有较大的刚度和较强的抗震能力，可广泛应用于高层办公建筑和旅馆建筑中，如图0-3所示。

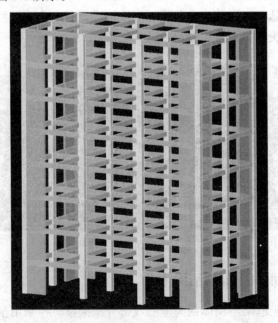

图0-3 装配整体式框架-现浇剪力墙结构示意图

0.2　装配整体式混凝土剪力墙结构施工流程

　　装配整体式混凝土剪力墙结构由水平受力构件（如梁、板、楼梯等）和竖向受力构件（如剪力墙）组成，主要构件在预制构件厂生产或剪力墙现场浇筑，然后运送至施工现场经过装配及后浇叠合而形成整体。其连接节点通过后浇混凝土结合（图 0-4），水平向钢筋通过机械连接和其他方式连接，竖向钢筋通过钢筋灌浆套筒连接或其他方式连接。

图 0-4　后浇混凝土区域示意图
（a）水平构件后浇混凝土；（b）竖向构件后浇混凝土；（c）剪力墙竖向钢筋套筒灌浆连接

　　装配整体式混凝土剪力墙结构施工流程根据剪力墙为预制或现浇可分为两种情况：

　　（1）剪力墙为预制时施工流程如图 0-5 所示。

　　（2）剪力墙为现浇时施工流程如图 0-6 所示。

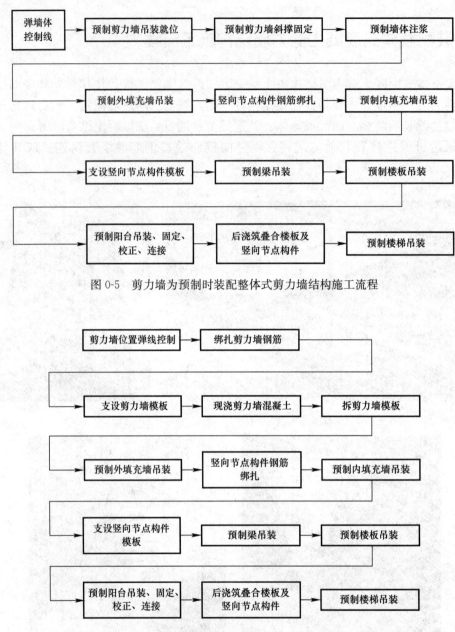

图 0-5 剪力墙为预制时装配整体式剪力墙结构施工流程

图 0-6 剪力墙为现浇时装配整体式剪力墙结构施工流程

0.3 装配整体式混凝土框架结构施工流程

装配整体式混凝土框架结构是以预制柱（或现浇柱）、叠合板、叠合梁为主要预制构件，并通过叠合板的现浇及节点部位的后浇混凝土而形成的混凝土结构。水平向钢筋通过钢筋灌浆套筒连接、机械连接或其他方式连接，竖向钢筋通过钢筋灌浆套筒连接或其他方式连接，如图 0-7 所示。

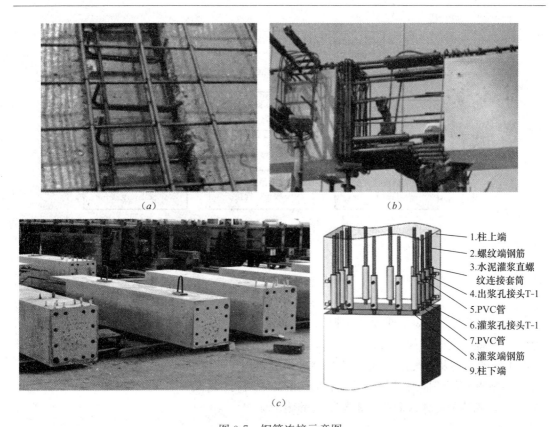

图 0-7　钢筋连接示意图

(*a*) 水平钢筋搭接连接；(*b*) 水平钢筋灌浆套筒连接；(*c*) 竖向钢筋灌浆套筒连接

装配整体式框架结构施工流程根据混凝土柱为预制或现浇可分为两种情况：

(1) 混凝土柱为预制时施工流程如图 0-8 所示。

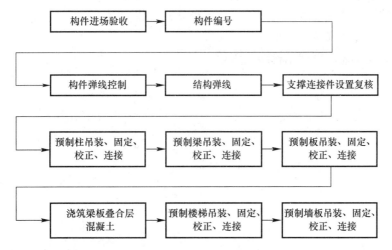

图 0-8　混凝土柱为预制时装配整体式框架结构施工流程

(2) 混凝土柱为现浇时施工流程如图 0-9 所示。

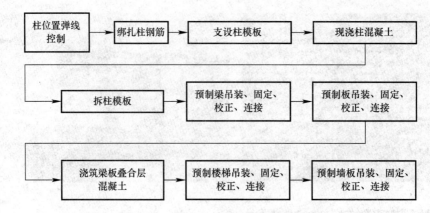

图 0-9　混凝土柱为现浇时装配整体式框架结构施工流程

小结

通过本部分学习，要求学生掌握以下内容：

1. 掌握装配式建筑主要结构体系，包括装配整体式混凝土剪力墙结构、装配整体式混凝土框架结构及装配整体式框架-现浇剪力墙结构三种体系。

2. 掌握装配整体式混凝土剪力墙结构的施工流程。

3. 掌握装配整体式混凝土框架结构的施工流程。

习题

1. 简述装配式混凝土结构概念。

2. 简述装配整体式混凝土剪力墙结构体系概念及组成。

3. 简述装配整体式混凝土框架结构体系概念及组成。

4. 简述装配整体式剪力墙结构施工流程。

5. 简述装配整体式框架结构施工流程。

任务1 构件装车码放与运输控制

实例 1.1 竖向构件装车码放与运输控制

1.1.1 实例分析

某停车楼项目为装配式立体停车楼，该楼采用全装配式钢筋混凝土剪力墙-梁柱结构体系，预制率95％以上，抗震设防烈度为7度，结构抗震等级三级。该工程地上4层，地下1层，预制构件共计3788块，其中水平构件及竖向构件连接均采用灌浆套筒连接方式。

该项目运输技术员张某现需要对预制加工好的竖向构件执行装车码放与运输控制任务，装车前要对其预制混凝土剪力墙结构体系中的预制构件进行编码记录，以便于构件运输进入现场后的码放工作，其预制构件示意如图1-1所示。

图1-1 预制构件进场后竖向码放示意

1.1.2 相关知识

1. 预制构件进场前的准备工作

根据工程特点，主要采用公路用汽车进行构件的运输，本工程所有需要的钢筋混凝土预制构件在工厂制作验收合格后，于安装前一天运至施工现场进行验收，验收合格后码放整齐。

场外公路运输线路的选择应遵守《×××道路交通管理规定》，要先进行路线勘测，合理选择运输路线，并对沿途具体运输障碍制定措施。构件进场时间应在白天光线充足的时刻，以便对构件进行进场外观检查。

对承运单位的技术力量和车辆、机具进行审验，并报请交通主管部门批准，必要时要组织模拟运输。在吊装作业前，应由技术员进行吊装和卸货的技术交底。其中指挥人员、司索人员（起重工）和起重机械操作人员，必须经过专业学习并接受安全技术培训，取得《特种作业人员安全操作证》，所使用的起重机械和起重机具应是完好的。

2. 预制构件的标识

预制构件验收合格后，应在明显的部位标识构件型号、生产日期和质量验收合格标志或粘贴上二维码，利用手机扫描二维码方式读取构件相关信息，如图1-2所示。预制构件脱模后应在其表面醒目位置，按照构件设计制作图规定对每个构件进行编码。预制构件生产企业应按照有关标准规定或合同要求，对其供应的产品签发产品质量证明书，并明确重要参数，对有特殊要求的产品还需提供安装说明书。

图 1-2 预制构件标识

3. 预制构件的码放储存

（1）预制构件码放储存通常可采用平面码放和竖向固定码放两种方式。其中需采用竖向固定码放储存的预制构件是墙板构件，如图 1-3～图 1-8 所示。

（2）墙板的竖向固定式码放储存通常采用存储架来固定，固定架有多种方式，可分为墙板固定式码放存储架（图 1-5）、墙板模块式码放存储架（图 1-6）。模块式码放支架还可以设计成墙板专用码放存储架（图 1-7）或墙板集装箱式码放存储架（图 1-8）。

图 1-3 墙板立式码放存储架

图 1-4 墙板斜式码放储存架

图 1-5 墙板固定式码放存储架

图 1-6 墙板模块式码放存储架

图 1-7　墙板专用码放存储架　　　　　图 1-8　墙板集装箱式码放存储架

（3）预制构件堆放储存应该符合下列规定：堆放场地应该平整、坚实，并且要有排水措施；预制构件堆放应将预埋吊件朝上，标识宜朝向堆垛间的通道；堆放构件时支垫必须坚实；垫木或垫块在构件下的位置宜与脱模、吊装时的起吊位置保持一致；重叠堆放构件时，每层构件间的垫木或垫块应保持在同一垂直线上（上下对齐）；堆垛层数应该根据构件与垫木或垫块的承载能力及堆垛的稳定性来确定，并应根据需要采取防止堆垛倾覆的措施；堆放预应力预制构件时，应该根据预制构件起拱值的大小和堆放时间采取相应的措施。

（4）预制构件的运输应制订运输计划及相关方案，其中包括运输时间、次序、堆放场地、运输线路、固定要求、堆放支垫及成品保护措施等内容。对于超高、超宽、形状特殊的大型构件的运输和堆放应采取专门质量安全保护措施。

4. 墙板的运输与码放

（1）当采用靠放架堆放或运输构件时，靠放架应具有足够的承载力和刚度，与地面倾斜角度宜大于 80°；墙板宜对称靠放且外饰面朝外，构件上部宜采用木垫块隔离；运输时构件应采取固定措施。

（2）当采用插放架直立堆放或运输构件时，宜采取直立运输方式；插放架应有足够的承载力和刚度，并应支垫稳固。

（3）采用叠层平放的方式堆放或运输构件时，应采取防止构件产生裂缝的措施。

5. 预制构件的运输

预制构件的运输首先应该考虑公路管理部门的要求和运输路线的实际状况，以满足运输安全为前提。装载构件后，货车的总宽度不得超过 2.5m，货车高度不得超过 4.0m，总长度不得超过 15.5m。一般情况下，货车总重量不得超过汽车的允许载重，且不得超过 40t。特殊预制构件经过公路管理部门的批准并采取措施后，货车总宽度不得超过 3.3m、总高度不得超过 4.2m、总长度不超过 24m、总载重不得超过 48t。

预制构件的运输可采用低平板半挂车或专用运输车，并根据构件的种类不同而采取不同的固定方式，墙板通过专用运输车运输到工地，运输车分 "人"字架运输车（斜卧式运输）（图 1-9）和立式运输车（图 1-10）。

6. 预制构件的装车与卸货

（1）运输车辆可采用大吨位卡车或平板拖车。

（2）在吊装作业时必须明确指挥人员，统一指挥信号。

（a）　　　　　　　　　　　　（b）

图 1-9　墙板"人"字架式（斜卧式）运输

（a）　　　　　　　　　　　　（b）

图 1-10　墙板的立式运输

（3）不同构件应按尺寸分类叠放。

（4）装车时先在车厢底板上做好支撑与减震措施，以防构件在运输途中因震动而受损，如装车时先在车厢底板上铺两根 100mm×100mm 的通长木方，木方上垫 15mm 以上的硬橡胶垫或其他柔性垫。

（5）上下构件之间必须有防滑垫块，上部构件必须绑扎牢固，结构构件必须有防滑支垫。

（6）构件运进场地后，应按规定或编号顺序有序地摆放在规定的位置，场内堆放地必须坚实，以防止场地沉降使构件变形。

（7）堆码构件时要码靠稳妥，垫块摆放位置要上下对齐，受力点要在一条线上。

（8）装卸构件时要妥善保护，必要时要采取软质吊具。

（9）随运构件（节点板、零部件）应设标牌，标明构件的名称、编号。

7. 运输的安全管理及成品保护

（1）为确保行车安全，应进行运输前的安全技术交底。

（2）在运输中，每行驶一段（50km 左右）路程要停车检查钢构件的稳定和紧固情况，如发现移位、捆扎和防滑垫块松动时，要及时处理。

（3）在运输构件时，根据构件规格、重量选用汽车和吊车，大型货运汽车载物高度从地面起不准超过 4m、宽度不得超出车厢、长度不准超出车身。

（4）封车加固的铁丝、钢丝绳必须保证完好，严禁用已损坏的铁丝、钢丝绳进行捆扎。

（5）构件装车加固时，用铁丝或钢丝绳拉牢紧固，形式应为八字形、倒八字形、交叉捆绑或下压式捆绑。

（6）在运输过程中要对预制构件进行保护，最大限度地消除和避免构件在运输过程中的污染和损坏。重点做好预制楼梯板的成品面防碰撞保护，可采用钉制废旧多层板进行保护。

1.1.3　任务实施

1-1　竖向构件墙板装车码放与运输控制

构件装车码放与运输模块是装配式建筑虚拟仿真实训软件的重要模块之一，其主要工序为施工前准备、构件检测、装车机具选择、路线选择、构件装车码放、构件运输、构件卸车及临时码放。根据标准图集 15G365-1《预制混凝土剪力墙外墙板》中编号为 WQCA-3028-1516 夹心墙板为运输实例进行模拟仿真，具体仿真操作如下：

（1）练习或考核计划下达

计划下达分两种情况，第一种：练习模式下学生根据学习需求自定义下达计划。第二种：考核模式下教师根据教学计划及检查学生掌握情况下达计划并分配给指定学生进行训练或考核，如图 1-11、图 1-12 所示。

图 1-11　学生自主下达计划

（2）登录系统查询操作计划

输入用户名及密码登录，选择对应模块进行计划下达，如图 1-13 所示。

（3）任务查询

学生登录系统后查询施工任务，根据任务列表，明确任务内容，做好任务分配和进度计划，如图 1-14 所示。

（4）施工前准备

工作开始前首先进行施工前准备，着装检查和杂物清理及施工前注意事项了解，本次操作任务为带窗口空洞的夹心墙板的运输操作，如图 1-15 所示。

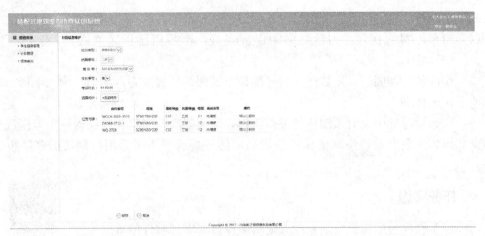

图 1-12　教师下达计划

图 1-13　系统登录

图 1-14　任务查询

图 1-15 施工前准备

（5）构件装车码放

1）选择运输构件

根据计划或施工需求选择运输的目标构件，如图 1-16 所示。

图 1-16 选择运输构件

2）出场质量检测

对出场构件依次进行尺寸测量检测、平整度检测、外观质量检测、构件强度检测、构件生产信息检测等，对不符合标准的构件进行剔除或修复处理。预制墙板高度允许偏差为±4mm、高度允许偏差为±4mm、厚度允许偏差为±3mm，检测标准完全依照国家标准进行设计及评判，如图 1-17～图 1-21 所示。

图 1-17　构件尺寸检测（控制端）

图 1-18　构件尺寸检测（虚拟端）

图 1-19　构件外观质量检测（控制端）

图 1-20 构件强度检测及生产信息检测（控制端）

图 1-21 构件强度检测（虚拟端）

3）选择吊车机具

根据目标构件及成本选择合适吊装机具，包括：吊车、吊具、吊钩、货架等，如图 1-22 所示。

4）装车码放

根据构件类型，选择合适的货架及摆放方式，墙板宜采用立放方式，包括垂直放置及斜放置，本操作选用"人字架"斜放置方式，倾放角度在 $80°\sim90°$ 之间。由于目标构件为外墙板，所以其外墙板外叶不应摆放在承重面。为了训练学生摆放构件，控制端采用二维方式进行拖放摆放构件。摆放完毕后进行绑扎固定操作，如图 1-23、图 1-24 所示。

图 1-22　吊装机具选择（控制端）

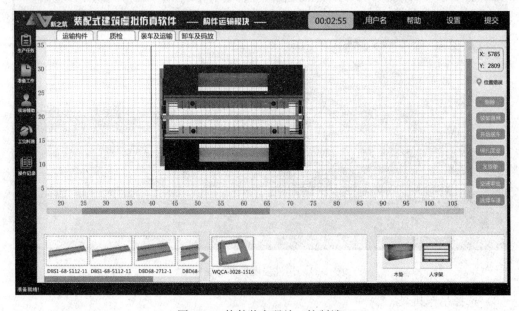

图 1-23　构件装车码放（控制端）

（6）构件运输

1）发货清单及交通审批

构件装车码放完毕后，需要填写发货清单，长重构件还需要进行交通审批，如图 1-25 所示。

图 1-24　构件装车码放（虚拟端）

图 1-25　发货清单填写

2）道路勘察及车速设置

根据运输路线进行道路勘察，并根据勘察情况进行车速设置，对于普通预制墙板，人车稀少、道路平坦、视线清晰的情况速度应不大于 50km/h，道路较平坦的情况速度应不大于 35km/h，道路高低不平坑坑洼洼的情况速度应不大于 15km/h。

3）运输途中检查

每行驶一段距离（50km 左右）要停车检查钢构件的稳定和紧固情况，如图 1-26、图 1-27 所示。

图 1-26 运输道路勘察

图 1-27 车速设置

（7）构件卸车码放

临时码放场地须提前准备。构件运输至施工现场后，首先进行构件占地面积计算并选择合适场地，场地需要进行硬化处理、排水良好并且在起重机工作范围，如图 1-28、图 1-29 所示。

（8）操作提交

任务操作完毕后即可点击"提交"按钮进行操作提交，本次操作结束。提交后，系统会自动对本操作任务的工艺操作、成本、运输效率、运输质量、安全操作及工期等智能评价，形成考核记录和评分记录供教师或学生查询。

图 1-28　构件卸车码放（控制端）

图 1-29　构件卸车码放（虚拟端）

（9）成绩查询及考核报表导出

登录管理端，即可查询操作成绩，并且可以导出详细操作报表，详细报表包括：总成绩、操作成绩、操作记录、评分记录等，如图 1-30 所示。

1.1.4　知识拓展

1. 异形构件运输

为了满足不同工程对不同预制构件的码放与运输需求，对于工程中的异形构件在运输过程中须采用立式运输，且运输车辆需要选用专用运输车，目前国内三一重工和中国重汽均有生产，如图1-31、图1-32所示。

图 1-30　考试成绩查询

图 1-31　异形构件的运输

（*a*）　　　　　　　　　　　　　　　　　　（*b*）

图 1-32　预制构件专用运输车

2. 预制构件运输车辆要求

（1）运输车辆外形如图1-33所示。

图 1-33　预制构件运输车辆外形

（2）运输车辆主要技术参数见表 1-1。

运输车辆主要技术参数　　　　　　　　　　　　表 1-1

项目	参数	
质量参数	装载质量（kg）	31000
	整备质量（kg）	9000
	最大总质量（kg）	40000
尺寸参数	总长（mm）	12980
	总宽（mm）	2490
	总高（mm）	3200
	前回转半径（mm）	1350
	后间隙半径（mm）	2300
	牵引销固定板离地高度（mm）	1240
	轴距（mm）	8440＋1310＋1310
	轮距（mm）	2100
	承载面离地高度（mm）	860（满载）
	最小转弯半径（mm）	12400
	可装运预制板高度（mm）（整车高 4000mm）	3140

（3）运输车辆起步前检查

运输车辆（包括牵引车与半挂车）的轮胎气压是否为规定值。起动发动机，观察驾驶室内的气压表，直到气压上升到 0.6MPa 以上。推入牵引车的手刹，可听到明显急促的放气声，看见制动气室推杆缩回，解除驻车制动。检查气路有无漏气，制动系统是否正常工作。检查电路各显示灯是否正常工作，各电线接头是否结合良好。

（4）运输车辆起步

一切检查确定正常后，继续使制动系统气压（表压）上升到 0.7～0.8MPa，然后按牵引车的操作要求平稳起步，并检查整车的制动效果以确保制动可靠。

（5）运输车辆行驶

经过上述操作后便可正常行驶，行驶时与一般汽车相同，但要注意以下几点：

1）防止长时间使用半挂车的制动系统，以避免制动系统气压太低而使紧急继动阀自动制动车轮，出现刹车自动抱死情况。

2）长坡或急坡时，要防止制动鼓过热，应尽量使用牵引车发动机制动装置制动。

3）行驶时车速不得超过最高车速。

4）应注意道路上的限高标志，以避免与道路上的装置相撞。

5）由于预制板重心较高，转弯时必须严格控制车速，不得大于10km/h。

实例1.2 水平构件装车码放与运输控制

1.2.1 实例分析

某停车楼项目为装配式立体停车楼，该楼采用全装配式钢筋混凝土剪力墙-梁柱结构体系，预制率95%以上，抗震设防烈度为7度，结构抗震等级三级。该工程地上4层，地下1层，预制构件共计3788块，其中水平构件及竖向构件连接均采用灌浆套筒连接方式。

该项目运输技术员张某现需要对预制加工好的水平构件执行装车码放与运输控制任务，装车前要对预制构件叠合板进行编码记录，以便于构件运输进入现场后的码放工作，其预制构件示意图如图1-34所示。

图1-34 预制构件进场后水平码放示意图

1.2.2 相关知识

1. 预制叠合板的现场堆放

预制叠合板进场后应堆放于地面平坦处，堆放场地应平整夯实，并设有排水措施，堆放时底板与地面之间应有一定的空隙。垫木放置在桁架侧边，板两端（至板端200mm）及跨中位置均应设置垫木且间距不大于1.6m。垫木应上下对齐。不同板号应分别堆放，堆放高度不宜大于6层，堆放时间不宜超过两个月。堆放或运输时，预制板不得倒置。预应力带肋混凝土叠合楼板施工现场堆放示意图如图1-35所示，垫木摆放示意图如图1-36所示。

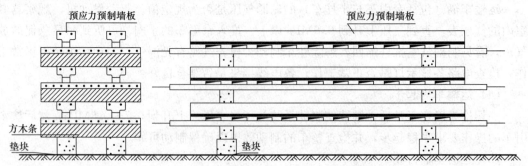

图1-35 预应力叠合楼板施工现场堆放示意图

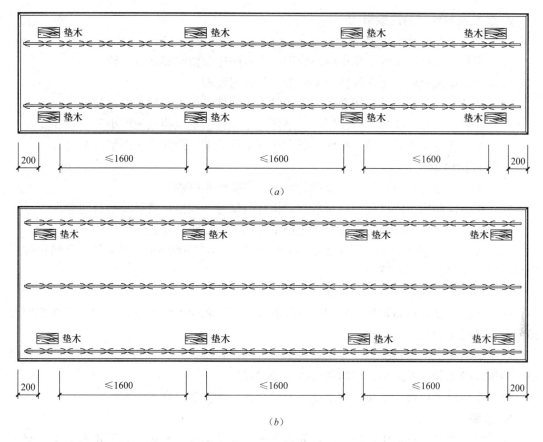

图 1-36　垫木摆放示意图
(*a*) 两排垫木；(*b*) 三排垫木

2. 预制构件码放储存和运输

（1）预制构件码放储存通常可采用平面堆放和竖向固定两种方式。其中需要采用水平码放储存和运输的预制构件包括：叠合板、楼梯、梁和柱等，其叠合板水平码放储存，如图 1-37 所示。

（2）预制构件水平码放储存应该符合下列规定：码放场地应该平整、坚实，并且要有排水措施；水平码放构件的支垫必须坚实、标志向外；垫木或垫块在构件下的位置宜与

图 1-37　叠合板码放储存

脱模、吊装时的起吊位置一致；重叠码放构件时，每层构件间的垫木或垫块需保持在上下垂直线上；堆垛层数应该根据构件与垫木或垫块的承载能力及堆垛的稳定性来确定。

（3）预制构件的运输也应制订运输计划及相关方案，其中包括运输时间、次序、码放场地、运输线路、固定要求、码放支垫及成品保护措施等内容。对于超高、超宽、形状特殊的大型构件的运输和码放应采取专门质量安全保护措施。

3. 装载预制件时的注意事项

（1）尽可能在坚硬平坦道路上装卸。

（2）装载位置尽量靠近半挂车中心放置，左右两边余留空隙基本一致。

（3）在确保渡板后端无人的情况下，放下和收起渡板。

（4）吊装工具与预制件连接必须牢靠，较大预制件必须直立吊起和存放。

（5）预制件起升高度要严格控制，预制件底端距车架承载面或地面小于 100mm。

（6）吊装行走时立面在前，操作人员站于预制件后端，两侧与前面禁止站人。

4. 预制构件运输

（1）构件运输前，根据运输需要选定合适、平整坚实路线。

（2）在运输前应按清单仔细核对各预制构件的型号、规格、数量及是否配套。

（3）本工程中大多数预制构件必须采用平运法，不得竖直运输。

（4）预制构件重叠平运时，各层之间必须放 100mm×100mm 木方支垫，且垫块位置应保证构件受力合理，上下对齐。

（5）预制构件应分类重叠码放储存。

（6）运输前要求预制构件厂按照构件的编号，统一利用黑色签字笔在预制构件侧面及顶面醒目处做标识及吊点。

（7）运输车根据构件类型设专用运输架或合理设置支撑点，且需有可靠的稳定构件措施，用钢丝带加紧固器绑牢，以防构件在运输时受损。

（8）车辆启动应慢、车速行驶平稳，严禁超速、猛拐和急刹车。

5. 装卸

建筑产业化施工过程中，在工厂预先制作的混凝土构件，根据运输与堆放方案，提前做好堆放场地、固定要求、堆放支垫及成品保护措施。对于大型构件的装卸应有专门的质量安全保证措施，所以有必要掌握构件装卸的操作安全要点。

（1）卸车准备

构件卸车前，应预先布置好临时码放场地，构件临时码放场地需要合理布置在吊装机械可覆盖范围内，避免二次吊装。管理人员分派装卸任务时，要向工人交代构件的名称、大小、形状、质量、使用吊具及安全注意事项。安全员应根据装卸作业特点对操作人员进行安全教育。装卸作业开始前，需要检查装卸地点和道路，清除障碍。

（2）装卸车时应注意事项

装卸作业时，应按照规定的装卸顺序进行，确保车辆平衡，避免由于卸车顺序不合理导致车辆倾覆，应采取保证车体平衡的措施。装卸过程中，构件移动时，操作人员要站在构件的侧面或后面，以防物体倾倒。参与装卸的操作人员要佩戴必要安全劳保用品。装卸时，汽车未停稳，不得抢上抢下。开关汽车栏板时，确保附近无其他人员后，必须两人进行。汽车未进入装卸地点时，不得打开汽车栏板，打开汽车栏板后，严禁汽车再行移动。卸车时，要保证构件质量前后均衡，并采取有效的防止构件损坏的措施。卸车时，务必从上至下，依次卸货，不得在构件下部抽卸，以防车体或其他构件失衡。

叠合楼板的装车、运输如图 1-38、图 1-39 所示。

图 1-38　叠合楼板装车情况

图 1-39　钢筋混凝土预制叠合板运输情况

1.2.3　任务实施

1-2　水平构件楼板装车码放与运输控制

构件装车码放与运输模块是装配式建筑虚拟仿真实训软件的重要模块之一，其主要工序为施工前准备、构件检测、装车机具选择、路线选择、构件装车码放、构件运输、构件卸车及临时码放。根据标准图集 15G366-1《桁架钢筋混凝土叠合板（60mm 厚底板）》中编号为 DBD68-2712-1 的桁架叠合板为实例进行模拟仿真，具体仿真操作如下：

（1）练习或考核计划下达

计划下达分两种情况，第一种：练习模式下学生根据学习需求自定义下达计划。第二种：考核模式下教师根据教学计划及检查学生掌握情况下达计划并分配给指定学生进行训练或考核，如图 1-40、图 1-41 所示。

（2）登录系统查询操作计划

输入用户名及密码登录，如图 1-42 所示。

（3）任务查询

学生登录系统后查询施工任务，根据任务列表，明确任务内容，如图 1-43 所示。

（4）施工前准备

工作开始前首先进行施工前准备，着装检查和杂物清理及施工前注意事项了解，本次操作任务为叠合楼板，如图 1-44 所示。

图 1-40　学生自主下达计划

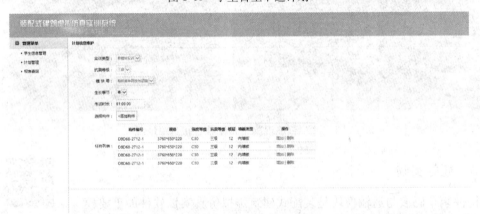

图 1-41　教师下达计划

图 1-42　系统登录

图 1-43　任务查询

图 1-44　施工前准备

（5）构件装车码放

1）选择运输构件

根据计划或施工需求选择运输的目标构件，如图 1-45 所示。

2）出场质量检测

对出场构件依次进行尺寸测量检测、外观质量检测、构件强度检测、构件生产信息检测等，对不符合标准的构件进行剔除或修复处理。预制楼板长度允许偏差为：构件＜12m，允许偏差为±5mm；构件≥12m 且构件＜18m，允许偏差±10mm；构件≥18m，允许偏差为

±20mm。宽度允许偏差为±5mm。厚度允许偏差为±5mm。检测标准完全依照国家标准进行设计及评判，如图1-46～图1-49所示。

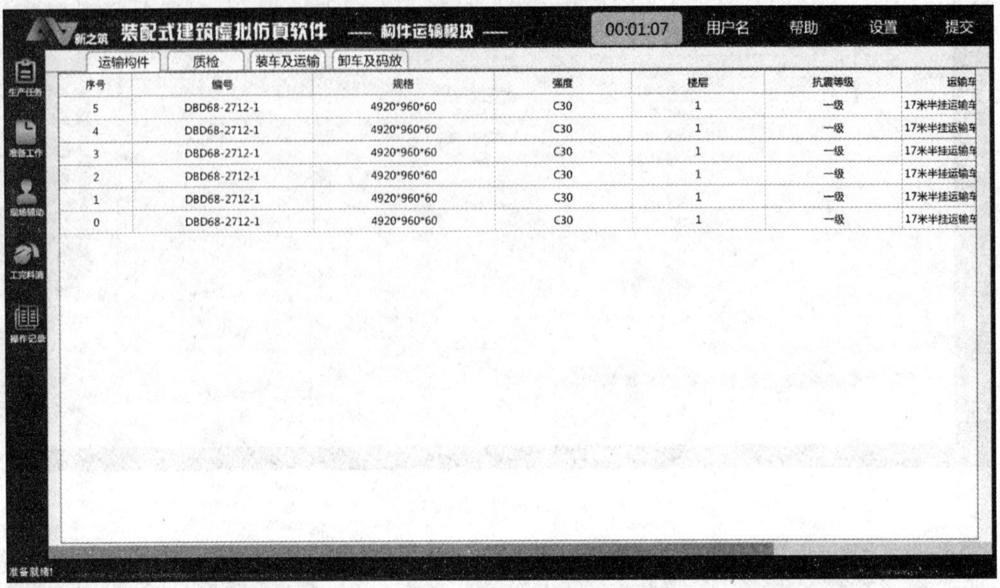

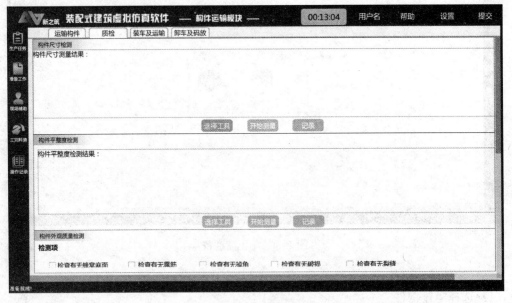

图1-45　选择运输构件

图1-46　构件尺寸检测（控制端）

3）选择吊车机具

根据目标构件及成本合理选择吊装机具，包括：吊车、吊具、吊钩、货架等，如图1-50所示。

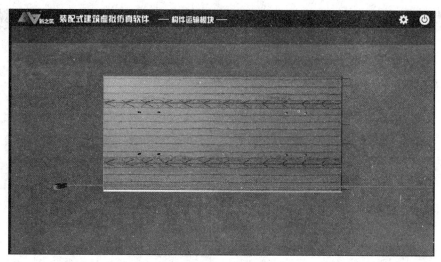

图 1-47　构件尺寸检测（虚拟端）

图 1-48　构件外观质量检测（控制端）

图 1-49　构件强度检测及生产信息检测（控制端）

图 1-50　吊装机具选择（控制端）

4）装车码放

根据构件类型，选择合适的货架及摆放方式，叠合楼板宜采用平放方式，最高放置 8 层，各层叠合板需垫上 100mm×100mm 的通长木方。为了训练学生摆放构件，控制端采用二维方式进行拖放摆放构件。摆放完毕后进行绑扎固定操作，如图 1-51、图 1-52 所示。

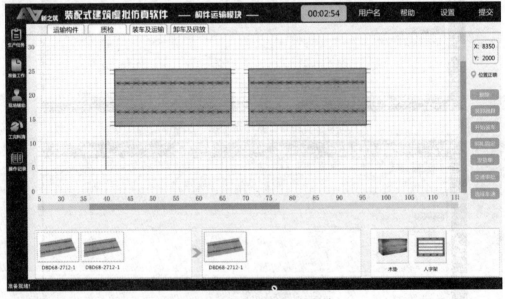

图 1-51　构件装车码放（控制端）

（6）构件运输

1）发货清单及交通审批

构件装车码放完毕后，需要填写发货清单、长重构件还需要进行交通审批，如图 1-53 所示。

图 1-52　构件装车码放（虚拟端）

图 1-53　发货清单填写

2）道路勘察及车速设置

根据运输路线进行道路勘察，并根据勘察情况进行车速设置，对于普通预制楼板，人车稀少、道路平坦、视线清晰的情况速度应不大于 50km/h；道路较平坦的情况速度应不大于 35km/h；道路高低不平坑坑洼洼的情况速度应不大于 15km/h。

3）运输途中检查

每行驶一段距离（50km 左右）要停车检查钢构件的稳定和紧固情况，如图 1-54、图 1-55 所示。

图 1-54　运输道路勘察

图 1-55　车速设置

（7）构件卸车码放

临时码放场地须提前准备。构件运输至施工现场后，首先进行构件占地面积计算并选择合适场地，场地需要进行硬化处理、排水良好并且在起重机工作范围内，如图 1-56、图 1-57 所示。

（8）操作提交

任务操作完毕后即可点击"提交"按钮进行操作提交，本次操作结束。提交后，系统会自动对本操作任务的工艺操作、成本、运输效率、运输质量、安全操作及工期等智能评价，形成考核记录和评分记录供教师或学生查询。

图 1-56　卸车前准备

图 1-57　构件卸车码放（虚拟端）

（9）成绩查询及考核报表导出

登录管理端，即可查询操作成绩，并且可以导出详细操作报表，详细报表包括：总成绩、操作成绩、操作记录、评分记录等，如图 1-58 所示。

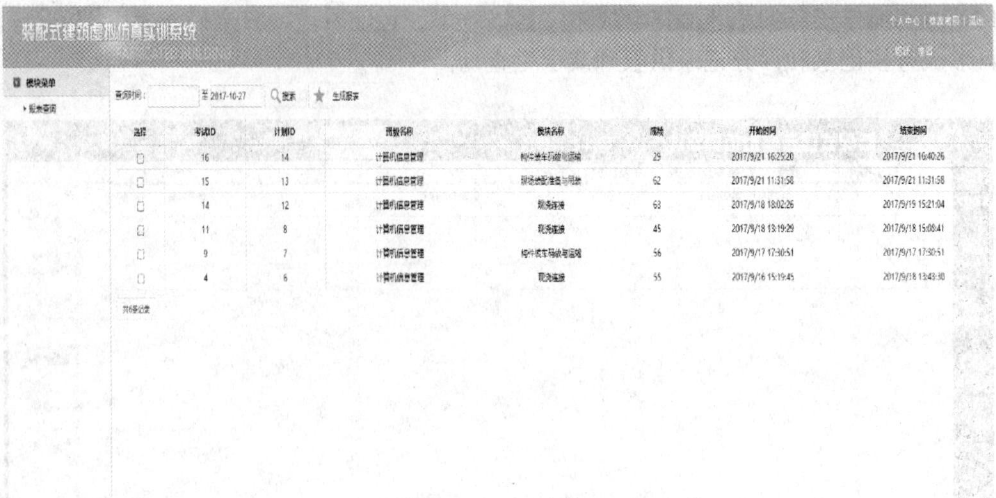

图 1-58　成绩查询及考核报表导出

1.2.4　知识拓展

根据工程项目的实际情况，构件运输技术员李某除了需要对预制加工好的水平叠合楼板构件进行装车码放、运输控制、编码记录及码放工作，还需要对其他水平运输构件进行相关工作，其余水平运输预制构件包括：楼梯、阳台板、梁和柱等预制构件，如图 1-59～图 1-62 所示。

图 1-59　预制楼梯码放储存

图 1-60　预制阳台板码放储存

图 1-61　预制梁码放储存

图 1-62　预制柱码放储存

对于以上预制构件水平码放储存时应该符合下列规定：

柱不宜超过 2 层；梁不宜超过 3 层；大型屋面板不宜超过 6 层；圆孔板不宜超过 8 层；堆垛间应留 2m 宽的通道；堆放预应力构件时，应根据构件起拱值的大小和堆放时间采取相应措施。其中楼梯运输时要按照楼梯的型号，主要针对楼梯的栏杆插孔及楼梯的防滑槽区分楼梯的上下梯段及型号。

小结

通过本部分的学习，要求学生掌握以下内容：

1. 掌握竖向预制构件与水平预制构件的码放及运输时的不同特点。

2. 掌握现场预制构件码放储存和预制构件运输前及运输过程中应注意的事项。

3. 掌握竖向预制构件与水平预制构件的虚拟仿真实训系统内容。能够利用装配式建筑虚拟仿真案例实训平台，对现场构件的码放及运输进行实战训练。

习题

1. 简述预制构件进场前的准备工作包括哪些内容？

2. 简述预制构件表面标识的项目有哪些？

3. 预制构件码放储存通常可采用哪几种方式？

4. 预制构件堆放储存应该符合哪些规定？

5. 墙板在运输与码放时应符合哪些规定？

6. 预制构件运输应满足什么条件？

7. 使用半挂车运输预制构件时，在行驶过程中要注意哪几点？

8. 预制构件运输过程中，在装卸车时应注意哪些事项？

任务 2　现场装配准备与吊装

实例 2.1　竖向构件现场装配准备与吊装

2.1.1　实例分析

某停车楼项目为装配式立体停车楼，该楼采用全装配式钢筋混凝土剪力墙-梁柱结构体系，预制率 95% 以上，抗震设防烈度为 7 度，结构抗震等级三级。该工程地上 4 层，地下 1 层，预制构件共计 3788 块，其中水平构件及竖向构件连接均采用灌浆套筒连接方式。

该项目技术员赵某需要结合施工及验收规范的要求完成预制框架柱和预制剪力墙等竖向构件的吊装任务，如图 2-1 所示。

图 2-1　竖向构件柱和墙吊装示意图

2.1.2　相关知识

1. 现场装配准备

（1）起重吊装设备

在装配式混凝土结构工程施工中，要合理选择吊装设备；根据预制构件存放、安装和连接等要求，确定安装使用的机具方案。选择吊装主体结构预制构件的起重机械时，应关注以下事项：起重量、作业半径（最大半径和最小半径），力矩应满足最大预制构件组装作业要求，起重机械的最大起重量不宜低于 10t，塔吊应具有安装和拆卸空间，轮式或履带式起重设备应具有移动式作业空间和拆卸空间，起重机械的提升或下降速度应满足预制构件安装和调整要求。

装配式混凝土工程中选用的起重机械关键在于把作业半径控制在最小，要根据预制混凝土构件的运输路径和起重机施工空间等要素，决定采用移动式的履带式起重机还是采用固定式的塔式起重机。

1) 汽车起重机

汽车起重机是以汽车为底盘的动臂起重机，主要优点为机动灵活。在装配式建筑工程中，主要是用于低层钢结构吊装、外墙挂板吊装、叠合楼板吊装及楼梯、阳台、雨篷等构件吊装，如图 2-2 所示。

图 2-2　汽车起重机

2) 履带式起重机

履带起重机是一种动臂起重机，其动臂可以加长，起重量大并在起重力矩允许的情况下可以吊重行走。在装配式结构建筑工程中，主要是针对大型公共建筑的大型预制构件的装卸和吊装、大型塔吊的安装与拆卸、塔吊难以覆盖的吊装死角的吊装等，如图 2-3 所示。

图 2-3　履带式起重机

3) 塔式起重机

① 分类：目前，用于建筑工程的塔式起重机按架设方式分为固定式、附着式、内爬式，如图 2-4 所示。

其中内爬式塔式起重机，简称内爬吊，是一种安装在建筑物内部电梯井或楼梯间里的塔机，可以随施工进程逐步向上爬升。内爬式塔式起重机在建筑物内部施工，不占用施工场地，适合于现场狭窄的工程；无须铺设轨道，无须专门制作钢筋混凝土基础（高层建筑一般需钢筋混凝土基础 126t 以上），施工准备简单（只需预留洞口，局部提高强度），节省费用；无须多道锚固装置和复杂的附着作业；作业范围大，内爬吊设置在建筑物中间，覆盖建筑物，能够使伸出建筑物的幅度小，有效避开周围障碍物和人行道等。由于起重臂可以较短，起重性能得到充分发挥；只需少量的标准节，一般塔身为 30m（风载荷小），即可满足施工要求，一次性投资少，建筑物高度越高，经济效益越显著等。

图 2-4　塔式起重机
（a）固定式；（b）附着式；（c）内爬式

对于装配式建筑工程，除具有上述优点外，内爬吊关键是能够对所有装配式构件的吊装进行全覆盖。和目前装配式建筑结构普遍使用的附着式塔吊相比，附着式塔吊与建筑附着部分的装配式墙板和结构关联部分必须进行特别加强处理，在附着式塔吊拆除后还需对其附着加固部分做修补处理，而且是危险的室外高空作业。因此，在装配式建筑工程中推广使用内爬式塔式起重机的意义则更加突出。

② 塔式起重机的基本性能参数：塔式起重机的技术性能是用各种参数表示的，是起重机设计的依据，也是起重机安全技术要求的重要依据。其基本参数有：起重力矩、起重量、起重高度、工作幅度，其中起重力矩确定为衡量塔吊起重能力的主要参数。

A. 起重力矩是起重量与相应幅度的乘积，单位为 kN·m，常以各点幅度的平均力矩作为塔机的额定力矩。

B. 起重量 Q 是吊钩能吊起的重量，其中包括吊索、吊具及容器的重量，单位为 kN，起重量因幅度的改变而改变，因塔式起重机的起重量随着幅度的增加而相应递减。

C. 起重高度 H 是指吊钩到停机地面的垂直距离，单位为 m。对小车变幅式的塔式起重机，其最大起升高度是不可变的，对于起重臂变幅式的塔式起重机，其起升高度随不同幅度而变化，最小幅度时起升高度可比塔尖高几十米，因此起重臂变幅式的塔式起重机在起升高度上有优势。

D. 起重半径 R 是指塔式起重机回转轴与吊钩中心的水平距离，单位为 m。对于起重臂变幅式的，其起重臂与水平面夹角在 $13°\sim65°$ 之间，因此变幅范围较小，而小车变幅的起重臂始终是水平的，变幅的范围较大，因此小车变幅的起重机在工作幅度上有优势。

③ 塔式起重机定位注意的问题：

塔式起重机与外脚手架的距离应该大于 0.6m，塔式起重机和架空线电线的最小安全距离应满足表 2-1 的要求，当群塔施工时，两台塔式起重机的水平吊臂间的安全距离应该大于 2m。一台塔式起重机的水平吊臂和另一台塔式起重机的塔身的安全距离也应该大于 2m。

塔式起重机和架空电线的安全距离　　　　　　　　　　　　表 2-1

安全距离（m）	电压（kV）				
	<1	$1\sim15$	$20\sim40$	$60\sim110$	220
沿垂直方向	1.5	3.0	4.0	5.0	6.0
沿水平方向	1.5	2.5	3.5	4.0	6.0

4）施工电梯

施工电梯又叫施工升降机，是建筑中经常使用的载人载货施工机械，它的吊笼装在井架外侧，沿齿条式轨道升降，附着在外墙或其他建筑物结构上，由于其独特的箱体结构使其乘坐起来既舒适又安全。施工电梯可载重货物 $1.0\sim1.2t$，亦可容纳 12～15 人，其高度随着建筑物主体结构施工而接高，可达 100m。它特别适用于高层建筑，也可用于高大建筑、多层厂房和一般楼房施工中的垂直运输。在工地上通常是配合起重机使用，如图 2-5 所示。

5）起重机选型

装配式建筑，一般情况下采用的预制构件体型重大，人工很难对其加以吊运安装作业，通常情况下需要采用大型机械吊运设备完成构件的吊运安装工作。在实际施工过程中应合理使用两种吊装设备，使其优缺点互补，以便于更好地完成各类构件的装卸运输吊运安装工作，取得最佳的经济效益。

图 2-5　施工电梯

① 汽车起重机选择：装配式建筑施工中，对于吊运设备的选择，通常会根据设备造价、合同周期、施工现场环境、建筑高度、构件吊运重量等因素综合考虑确定。一般情况下，在低层、多层装配式建筑施工中，预制构件的吊运安装作业通常采用移动式汽车起重机，当现场构件需二次倒运时，可采用移动式汽车起重机。

② 塔式起重机选择

A. 小型多层装配式建筑工程，可选择小型的经济型塔吊，高层建筑的塔吊选择，宜选择与之相匹配的起重机械，因垂直运输能力直接决定结构施工速度的快慢，要考虑选择不同塔吊的差价与加快进度的综合经济效果进行比较，进行合理选择。

B. 塔式起重机应满足吊次的需求：塔式起重机吊次计算：一般中型塔式起重机的理论吊次为 80～120 次/台班，塔式起重机的吊次应根据所选用塔式起重机的技术说明中提供的理论吊次进行计算，当理论吊次大于实际需用吊次即满足要求，当不满足时，应采取相应措施，如增加每日的施工班次，增加吊装配合人员，塔式起重机应尽可能地均衡连续作业，提高塔式起重机利用率。

C. 塔式起重机覆盖面的要求：塔式起重机型号决定了塔吊的臂长幅度，布置塔式起重机时，塔臂应覆盖堆场构件，避免出现覆盖盲区，减少预制构件的二次搬运。对含有主楼、裙房的高层建筑，塔臂应全面覆盖主体结构部分和堆场构件存放位置，裙楼力求塔臂全部覆盖，当出现难于解决的楼边覆盖时，可考虑采用临时租用汽车起重机解决裙房边角垂直运输问题。

D. 最大起重能力的要求：在塔式起重机的选型中应结合塔式起重机的起重量荷载特点，重点考虑工程施工过程中，最重的预制构件对塔式起重机吊运能力的要求，应根据其存放的位置、吊运的部位，距塔中心的距离，确定该塔吊是否具备相应起重能力，塔式起重机不满足吊重要求，必须调整塔型使其满足。

（2）吊具

预制混凝土构件常用到的吊具主要有起吊扁担、专用吊件、手拉葫芦。

1）起吊扁担（图 2-6）

用途：起吊、安装过程平衡构件受力。

主要材料：20 槽钢、15～20mm 厚钢板。

图 2-6　起吊扁担

2）专用吊件（图 2-7）

吊件用途：受力主要机械，联系构件与起重机械之间受力。

主要材料：根据图纸规格可在市场上采购。

3）手拉葫芦（图 2-8）

用途：调节起吊过程中水平。

主要材料：根据施工情况自行采购即可。

4）吊具使用要求

① 吊具、吊索的使用应符合施工安装安全规定。预制构件起吊时的吊点合力应与构件重心重合，宜采用标准吊具均衡起吊就位，吊具可采用预埋吊环或埋置式接驳器的形式，专用内埋式螺母或内埋吊杆及配套的吊具，应根据相应的产品标准和应用技术规定选用。

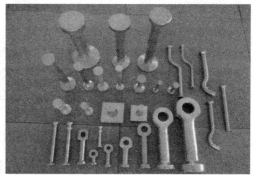
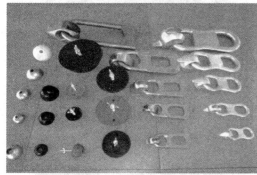
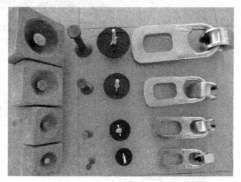

图 2-7　吊件示意图

② 预制混凝土构件吊点提前设计好，根据预留吊点选择相应的吊具。在起吊构件时，为了使构件稳定，不出现摇摆、倾斜、转动、翻倒等现象，应选择合适的吊具。无论采用几点吊装，都要始终使吊钩和吊具的连接点的垂线通过被吊构件的重心，它直接关系吊装结果和操作安全。

③ 吊具的选择必须保证被吊构件不变形、不损坏，起吊后不转动、不倾斜、不翻倒。吊具的选择应根据被吊构件的结构、形状、体积、重量、预留吊点及吊装的要求，结合现场作业条件，确定合适的吊具。吊具选择必须保证吊索受力均匀。各承载吊索间的夹角一般不应大于 60°，其合力作用点必须保证与被吊构件的重心在同一条铅垂线上，保证在吊运过程中吊钩与被吊构件的重心在同一条铅垂线上。在说明中提供吊装图的构件，应按吊装图进行吊装。在异形构件装配时，可采用辅助吊点配合简易吊具调节物体所需位置

图 2-8　手拉葫芦

的吊装法。

（3）预制构件进场验收

1）预制构件进场首先检查构件合格证并附构件出厂混凝土同条件抗压强度报告。

2）预制构件进场检查构件标识是否准确、齐全。

① 型号标识：类别、连接方式、混凝土强度等级、尺寸。

② 安装标识：构件位置、连接位置。

3）预制构件进场质量验收如图 2-9 所示，验收项目见表 2-2。

图 2-9　预制构件质量验收示意图

（a）墙板对角尺寸验收；（b）墙板高度验收；（c）墙板门窗洞口尺寸验收；（d）墙板平整度验收

预制构件质量验收项目表　　　　　　　　　　　　　　　　　　　表 2-2

序号	验收项目	验收要求
1	预制混凝土构件观感质量检验	满足要求
2	预制混凝土构件尺寸及其误差	满足要求
3	预制混凝土构件间结合构造	满足要求
4	预留连接孔洞的深度及垂直度	满足要求
5	灌浆孔与排气孔是否畅通	——对应检查标识
6	预制混凝土构件端部各种线管出入口的位置	准确
7	吊装、安装预埋件的位置	准确
8	叠合面处理	符合要求

4）预制构件结构性能验收见表 2-3。

预制构件结构性能验收项目表　　　　　　　　　　　　表 2-3

序号	验收项目	验收要求
1	预制混凝土构件的混凝土强度	符合设计要求
2	预制混凝土构件的钢筋力学性能	符合设计要求
3	预制混凝土构件的隐蔽工程验收	合格
4	预制混凝土构件的结构实体检验	合格

注：对结构性能检验不合格的构件不得作为结构构件使用，应返厂处理。非结构性损伤进行修补，修补后重新进行检验合格后方可使用。

（4）测量放线

1）测量放线是装配整体式混凝土施工中要求最为精确的一道工序，对确定预制构件安装位置起着重要作用，也是后序工作位置准确的保证。预制构件安装放线遵循先整体后局部的程序。

2）首层定位轴线的四个基准外角点（距相邻两条外轴线 1m 的垂线交点）用经纬仪从四周龙门桩上引入，或用全站仪从现场 GPS 坐标定位的基准点引入；楼层标高控制点用水准仪从现场水准点引入。

3）首层定位放线，使用经纬仪利用引入的四个基准外角点放出楼层四周外墙轴线。待轴线复核无误后，作为本层的基准线。

4）以四周外墙轴线为基准线，使用 5m 钢卷尺放出外墙安装位置线。先放四个外墙角位置线，后放外墙中部墙体位置线。

5）待四周外墙位置线放好后，以此为控制线，以 50m 钢卷尺为工具放内墙位置线。先放楼梯间的三面内墙位置线，再放其他内墙位置线；先放大墙位置线，后放小墙位置线；先放承重墙位置线，后放非承重墙位置线。

6）在预留门洞处必须准确无误地放出门洞线。

7）在外墙内侧，内墙两侧 20cm 处放出墙体安装控制线。

8）使用水准仪利用楼层标高控制点，控制好预制墙体下垫块表面标高。

9）待预制墙体构件安装好后，使用水准仪利用楼层标高控制点，在墙体放出 50 控制线，以此作为预制叠合梁、板和现浇板模板安装标高控制线。

10）根据墙线外侧 20cm 控制线，放出预制楼梯叠合梁安装轴线；根据墙体上弹好的 50 控制线，放出预制楼梯叠合梁安装标高，要注意预制楼梯板表面建筑标高与 50 控制线结构标高的高差。

11）在楼梯间相应的剪力墙上弹出楼梯踏步的最上步及最下一步位置，用来控制楼梯安装标高位置。

12）在混凝土浇捣前，使用水准仪、标尺放出上层楼板结构标高，在预制墙体构件预留插筋上相应水平位置缠好白胶带，以白胶带下边线为准。在白胶带下边线位置系上细线，形成控制线，控制住楼板、梁混凝土施工标高。

13）上层标高控制线，用水准仪和标尺由下层 50 控制线引用至上层。

14）构件安装测量允许偏差：平台面的抄平±1mm；预装过程中抄平工作±2mm。

2. 预制框架柱吊装施工

（1）预制框架柱吊装示意图如图 2-10 所示。

图 2-10　预制框架柱吊装示意图

（2）预制框架柱吊装施工流程如图 2-11 所示。

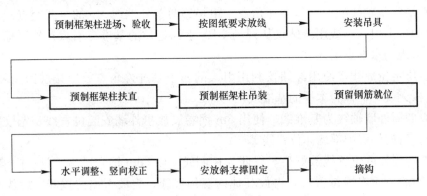

图 2-11　预制框架柱吊装施工流程示意图

（3）施工要点

1）检查预制框架柱进场的尺寸、规格，混凝土的强度是否符合设计和规范要求，检查柱上预留套管及预留钢筋是否满足图纸要求，套管内是否有杂物；同时做好记录，并与现场预留套管的检查记录进行核对。

2）根据预制框架柱平面各轴的控制线和柱框线校核预埋套管位置的偏移情况，并做好记录，若预制框架柱有小距离的偏移需借助就位设备进行调整，无问题方可进行吊装。

3）吊装前在柱四角放置金属垫块，以利于预制柱的垂直度校正，按照设计标高，结合柱子长度对偏差进行确认。用经纬仪控制垂直度，若有少许偏差运用千斤顶等进行调整。

4）预制框架柱初步就位时应将预制柱下部钢筋套筒与下层预制柱的预留钢筋初步试对，无问题后准备进行固定。

5）预制框架柱接头连接采用套筒灌浆连接技术。

① 封边。柱脚四周采用坐浆材料封边，形成密闭灌浆腔，保证在最大灌浆压力（约1MPa）下密封有效。

② 灌浆。用灌浆泵（枪）从接头下方的灌浆孔处向套筒内压力灌浆，特别注意正常

灌浆浆料要在自加水搅拌开始 20～30min 内灌完，以尽量保留一定的操作应急时间。

同一仓只能一个灌浆孔灌浆，不能同时选择两个以上孔灌浆；同一仓应连续灌浆，不得中途停顿，如果中途停顿，再次灌浆时，应保证已灌入的浆料有足够的流动性后，还需要将已经封堵的出浆孔打开，待灌浆料再次流出后逐个封堵出浆孔。

③ 封堵。接头灌浆时，待接头上方的排浆孔流出浆料后，及时用专用橡胶塞封堵。灌浆泵（枪）口撤离灌浆孔时，也应立即封堵。通过水平缝连通腔一次向构件的多个接头灌浆时，应按浆料排出先后依次封堵灌浆排浆孔，封堵时灌浆泵（枪）一直保持灌浆压力，直至所有灌排浆孔出浆并封堵牢固后再停止灌浆。如有漏浆须立即补灌损失的浆料。在灌浆完成、浆料凝结前，应巡视检查已灌浆的接头，如有漏浆及时处理。

3. 预制混凝土剪力墙吊装施工

（1）预制剪力墙吊装示意图如图 2-12 所示。

图 2-12　预制墙板吊装示意图

（2）预制剪力墙吊装流程如图 2-13 所示。

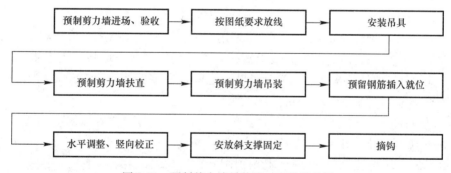

图 2-13　预制剪力墙吊装施工流程示意图

（3）施工要点

1）吊装准备

① 吊装就位前将所有柱、墙的位置在地面弹好墨线，根据后置埋件布置图，采用后钻孔法安装预制构件定位卡具，并进行复核检查。

② 对起重设备进行安全检查，并在空载状态下对吊臂角度、负载能力、吊绳等进行检查，对吊装困难的部件进行空载实际演练（必须进行），将导链、斜撑杆、膨胀螺丝、扳手、2m 靠尺、开孔电钻等工具准备齐全，操作人员对操作工具进行清点。

图 2-14　起吊预制叠合剪力墙

③ 检查预制构件预留灌浆套筒是否有缺陷、杂物和油污，保证灌浆套筒完好；提前架好经纬仪、激光水准仪并调平。

④ 填写施工准备情况登记表，施工现场负责人检查核对签字后方可开始吊装。

2）吊装

① 吊装时采用带倒链的扁担式吊装设备，加设揽风绳，如图 2-14 所示。

② 顺着吊装前所弹墨线缓缓下放墙板，吊装经过的区域下方设置警戒区，施工人员应撤离，由信号工指挥，就位时待构件下降至作业面 1m 左右高度时施工人员方可靠近操作，以保证操作人员的安全。

③ 墙板下放好金属垫块，垫块保证墙板底标高准确（也可提前在预制墙板上安装定位角码，顺着定位角码的位置安放墙板），如图 2-15 所示。

图 2-15　预制剪力墙对位安装

④ 墙板底部若局部套筒未对准时，可使用倒链将墙板手动微调，重新对孔。

⑤ 底部没有灌浆套筒的外填充墙板直接顺着角码缓缓放下墙板。垫板造成的空隙可用坐浆方式填补。为防止坐浆料填充到外叶板之间，在苯板处补充 50mm×20mm 的保温板（或橡胶止水条）堵塞缝隙，如图 2-16 所示。

3）安放斜撑

① 墙板垂直坐落在准确位置后，使用激光水准仪复核水平是否有偏差，无误差后，利用预制墙板上的预埋螺栓和地面后置膨胀螺栓（将膨胀螺栓在环氧树脂内蘸一下，立即打入地面）安装斜支撑杆，用检测尺检测预制墙体垂直度及复测墙顶标高后，利用斜撑杆调节好墙体的垂直度，方可松开吊钩。在调节斜撑杆时必须两名工人同时间、同方向进行操作，如图 2-17 所示。

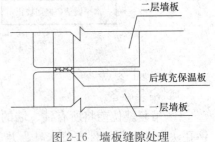

图 2-16　墙板缝隙处理

② 调节斜撑杆完毕后，再次校核墙体的水平位置和标高、垂直度，相邻墙体的平整度。其检查工具包括经纬仪、水准仪、靠尺、水平尺（或软管）、铅锤、拉线等。

图 2-17 支撑调节

4. 预制混凝土外墙挂板吊装施工

（1）预制混凝土外墙挂板吊装如图 2-18 所示。

图 2-18 预制混凝土外墙挂板吊装示意图

（2）预制混凝土外墙挂板吊装流程如图 2-19 所示。

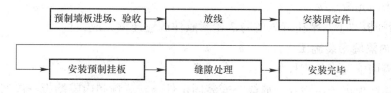

图 2-19 预制混凝土外墙挂板吊装流程

（3）施工要点

1）外墙挂板施工前准备

结构每层楼面轴线垂直控制点不应少于 4 个，楼层上的控制轴线应使用经纬仪由底层原始点直接向上引测；每个楼层应设置 1 个高程控制点；预制构件控制线应由轴线引出，每块预制构件应有纵横控制线 2 条；预制外墙挂板安装前应在墙板内侧弹出竖向与水平线，安装时应与楼层上该墙板控制线相对应。当采用饰面砖外装饰时，饰面砖竖向、横向砖缝应引测。贯通到外墙内侧来控制相邻板与板之间，层与层之间饰面砖砖缝对直；预制外墙板垂直度测量，4 个角留设的测点为预制外墙板转换控制点，用靠尺以此 4 点在内侧进行垂直度校核和测量；应在预制外墙板顶部设置水平标高点，在上层预制外墙板吊装时，应先垫垫块或在构件上预埋标高控制调节件。

2）外墙挂板的吊装

预制构件应按照施工方案吊装顺序预先编号，严格按照编号顺序起吊；吊装应采用慢起、稳升、缓放的操作方式，应系好缆风绳控制构件转动；在吊装过程中，应保持稳定，不得偏斜、摇摆和扭转。预制外墙板的校核与偏差调整应按以下要求：

① 预制外墙挂板侧面中线及板面垂直度的校核，应以中线为主调整。

② 预制外墙板上下校正时，应以竖缝为主调整。

③ 墙板接缝应以满足外墙面平整为主，内墙面不平或翘曲时，可在内装饰或内保温层内调整。

④ 预制外墙板山墙阳角与相邻板的校正，以阳角为基准调整。

⑤ 预制外墙板拼缝平整的校核，应以楼地面水平线为准调整。

3）外墙挂板底部固定、外侧封堵

外墙挂板底部坐浆材料的强度等级不应小于被连接的构件强度，坐浆层的厚度不应大于 20mm，底部坐浆强度检验以每层为一检验批，每工作班组应制作一组且每层不应少于 3 组边长为 70.7mm 的立方体试件，标准养护 28d 后进行抗压强度试验。外墙挂板外侧为了防止坐浆料外漏，应在外侧保温板部位固定 50mm（宽）×20mm（厚）的具备 A 级保温性能的材料进行封堵。预制构件吊装到位后应立即进行下部螺栓固定并做好防腐防锈处理。上部预留钢筋与叠合板钢筋或框架梁预埋件焊接。

（4）预制外墙挂板连接接缝采用防水密封胶施工时应符合下列规定：

1）预制外墙挂板连接接缝防水节点基层及空腔排水构造做法符合设计要求。

2）预制外墙挂板外侧水平、竖直接缝用防水密封胶封堵前，侧壁应清理干净，保持干燥。嵌缝材料应与挂板牢固粘结，不得漏嵌和虚粘。

3）外侧竖缝及水平缝防水密封胶的注胶宽度、厚度应符合设计要求，防水密封胶应在预制外墙挂板校核固定后嵌填，先安放填充材料，然后注胶。防水密封胶应均匀顺直，饱满密实，表面光滑连续。

4）外墙挂板"十"字拼缝处的防水密封胶注胶应连续完成。

5. 预制内隔墙吊装施工

预制内隔墙施工工艺流程如下：

预制内隔墙板进场、验收→放线→安装固定件→安装预制内隔墙板→灌浆→粘贴网格布→勾缝→安装完毕。

1）预制内隔墙吊装如图 2-20 所示。

图 2-20　预制内隔墙吊装示意图

2）预制内隔墙吊装流程如图 2-21 所示。

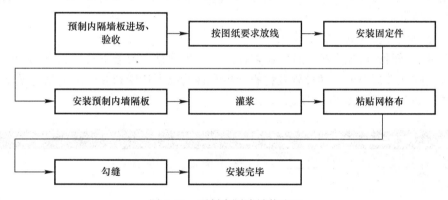

图 2-21　预制内隔墙吊装流程

3）施工要点

① 对照图纸在现场弹出轴线，并按排板设计标明每块板的位置，放线后需经技术员校核认可。

② 预制构件应按照施工方案吊装顺序预先编号，严格按照编号顺序起吊；吊装应采用慢起、稳升、缓放的操作方式，应系好缆风绳控制构件转动；在吊装过程中，应保持稳定，不得偏斜、摇摆和扭转。吊装前在底板测量、放线（也可提前在墙板上安装定位角码）。将安装位洒水阴湿，地面上、墙板下放好垫块，垫块保证墙板底标高正确。垫板造成的空隙可用坐浆方式填补坐浆的具体技术要求同外墙板的坐浆。起吊内墙板，沿着所弹墨线缓缓下放，直至坐浆密实，复测墙板水平位置是否偏差，确定无偏差后，利用预制墙板上的预埋螺栓和地面后置膨胀螺栓（将膨胀螺栓在环氧树脂内蘸一下，立即打入地面）安装斜支撑杆，复测墙板顶标高后方可松开吊钩。利用斜支撑杆调节墙板垂直度（注：在利用斜支撑杆调节墙体垂直度时必须两名工人同时间、同方向，分别调节两根斜支撑杆）；刮平并补齐底部缝隙的坐浆。复核墙体的水平位置和标高、垂直度，相邻墙体的平整度。

检查工具：经纬仪、水准仪、靠尺、水平尺（或软管）、铅锤、拉线。

填写预制构件安装验收表，施工现场负责人及甲方代表、项目管理、监理单位签字后进入下道工序。

③ 内填充墙底部坐浆、墙体临时支撑。内填充墙底部坐浆材料的强度等级不应小于被连接的构件强度，坐浆层的厚度不应大于 20mm，底部坐浆强度检验以每层为一检验批，每工作班组应制作一组且每层不应少于 3 组边长为 70.7mm 的立方体试件，标准养护28d 后进行抗压强度试验。预制构件吊装到位后，应立即进行墙体的临时支撑工作，每个预制构件的临时支撑不宜少于 2 道，其支撑点距离板底的距离不宜小于构件高度的 2/3，且不应小于构件高度的 1/2，安装好斜支撑后，通过微调临时斜支撑使预制构件的位置和垂直度满足规范要求，最后拆除吊钩，进行下一块墙板的吊装工作。

2.1.3　任务实施

现场装配式准备与吊装是装配式建筑虚拟仿真实训软件的重要模块之一，其主要工序为施工前准备、吊装机具选择、划线、塔机操作调运构件、构件安装、斜支撑固定等操作。根据标准图集 15G365-1《预制混凝土剪力墙外墙板》中编号为 WQCA-3028-1516 夹心墙板为实例进行模拟仿真，具体仿真操作如下：

2-1　外墙板现场装配准备与吊装

（1）练习或考核计划下达

计划下达分两种情况，第一种：练习模式下学生根据学习需求自定义下达计划。第二种：考核模式下教师根据教学计划及检查学生掌握情况下达计划并分配给指定学生进行训练或考核，如图 2-22、图 2-23 所示。

图 2-22　学生自主下达计划

（2）登录系统查询操作计划

输入用户名及密码登录系统，如图 2-24 所示。

（3）任务查询

学生登录系统后查询施工任务，根据任务列表，明确任务内容，如图 2-25 所示。

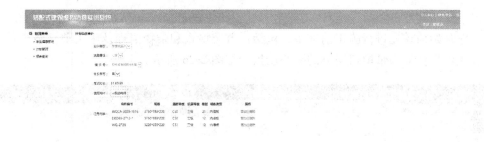

图 2-23　教师下达计划

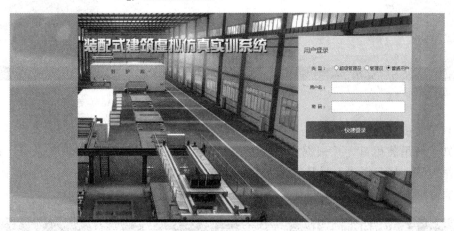

图 2-24　系统登录

图 2-25　任务查询

（4）施工前准备

工作开始前首先进行施工前准备，包括：着装检查和杂物清理及施工前注意事项了解等，本次操作任务为带窗口空洞的夹心墙板，如图 2-26 所示。

图 2-26　施工前准备

（5）吊装机具选择

认知了解吊装机具，并根据施工需要及吊装构件类型，进行起重设备选择、吊具选择、起吊位置选择等操作。吊具选择完毕后进行吊点设置，吊点设置方式：吊具和吊件间的夹角宜在 45°～60°之间，如图 2-27～图 2-30 所示。

图 2-27　起重设备选择

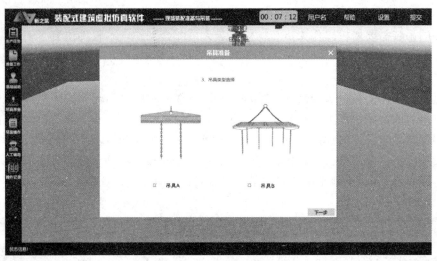

图 2-28　吊具选择

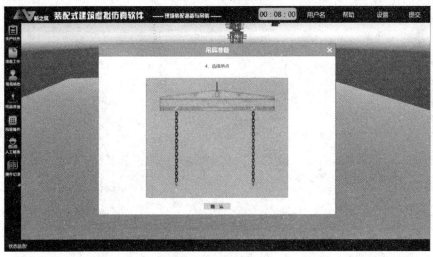

图 2-29　吊点设置

图 2-30　施工场景

（6）构件吊装

构件的吊装需要塔机操作人员与构件安装人员配合操作，本软件仿真了对应两种操作角色。

1）塔机吊运构件

通过塔机操作面板，可控制塔机吊钩上升、下降、左转、右转、力矩控制等。首先将构件通过吊具固定到塔机上，然后操作塔机调运构件至待安装位置。起重设备操作人员吊装过程中保持稳定，逐级加速，不得越挡，不得偏斜、摇摆和扭转。

在起吊前，需要进行试吊操作，方法如下：采用慢起、稳升、缓放方式确保安全。试吊离地不超过 0.5m，离地平吊。确保吊具可靠后，方可吊装，如图 2-31 所示。

图 2-31　塔机吊装构件

2）安装人员协助安装构件

通过界面人工辅助操作界面，仿真人员协助安装工艺，可实现构件安装过程中的托、拉、转动等微调操作，配合塔机完成构件正确位置的安装。构件距离安装位置 1.5m 高时，慢速调整，墙板距地 1m 以下，安装人员才可靠近进行操作，如图 2-32、图 2-33 所示。

3）斜支撑支设

构件吊装完毕后，需要安装斜支撑用以构件的临时固定。每块预制墙板通常需用两个斜支撑来固定，斜撑上部通过专用螺栓与预制墙板上部 2/3 高度处预埋的连接件连接，斜支撑底部与地面（或楼板）用膨胀螺栓进行锚固；支撑与水平楼面的夹角在 40°～50° 之间，如图 2-34 所示。

4）斜支撑安装完毕后，复测墙顶标高及垂直度复测，符合规范后，即可进行松钩操作，操作塔机进行其他任务构件的安装，如图 2-35 所示。

图 2-32　安装人员协助固定

图 2-33　构件安装到位

图 2-34　斜支撑支设

图 2-35　松钩操作

（7）操作提交

任务操作完毕后即可点击"提交"按钮进行操作提交，本次操作结束。提交后，系统会自动对本操作任务的工艺操作、施工成本、施工质量、安全操作及工期等智能评价，形成考核记录和评分记录供教师或学生查询。

（8）成绩查询及考核报表导出

登录管理端，即可查询操作成绩，并且可以导出详细操作报表，详细报表包括：总成绩、操作成绩、操作记录、评分记录等，如图 2-36 所示。

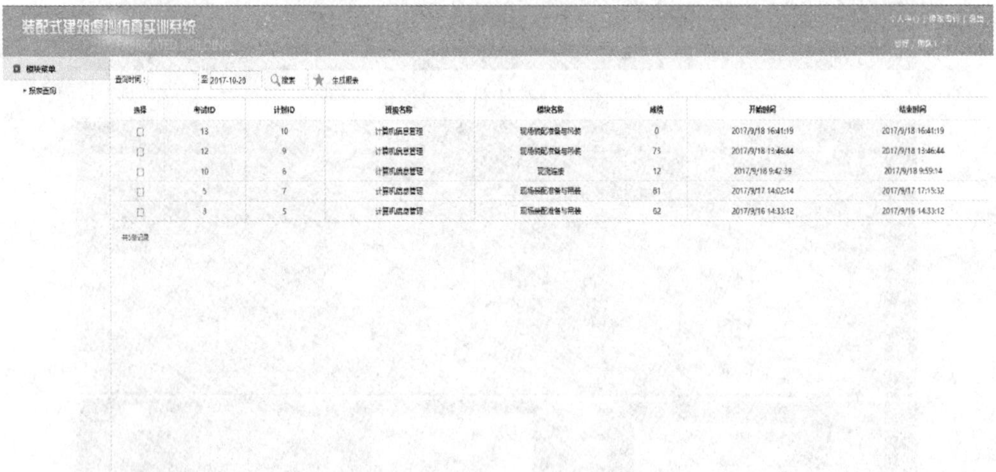

图 2-36　成绩查询及考核报表导出

2.1.4　知识拓展

某工程项目预制构件施工方案案例节选如下：

1. 剪力墙构件安装

（1）墙体构件安装工艺

抄平放线→墙下标高找平控制块→安装外墙（内墙）→安装斜撑→校核墙体轴线及垂直度→墙底用砂浆封堵→墙体后浇带钢筋绑扎→墙体后浇带支模（2/3 高度）→墙体后浇带浇筑。

（2）抄平放线

先放出墙体外边四周控制轴线，并保证外墙大角在转角处成 90°规方。再放出每片墙体的位置控制线及抄平每片墙体的标高控制块，每片墙体下的标高控制块不少于 2 块。

（3）标高控制块安放方法

先将垫块一面用角磨机磨平后（垫块长度小于墙体 2mm），用砂浆坐浆安放垫块，水准仪配合标尺调整垫块表面标高，待垫块养生强度达到要求，方可吊装预制墙体构件。

（4）吊装墙体构件

墙体构件起吊时垂直平稳，吊索与水平线夹角不小于 60°，下落至安装部位 0.5m 处缓慢就位。墙体构件吊装由 3 人对墙体构件对位、扶正，使下层墙体预留钢筋进入吊装墙体构件中。

（5）墙体构件位置控制：构件安装就位后与预先弹放的控制线吻合。

（6）安装斜撑（图 2-37）

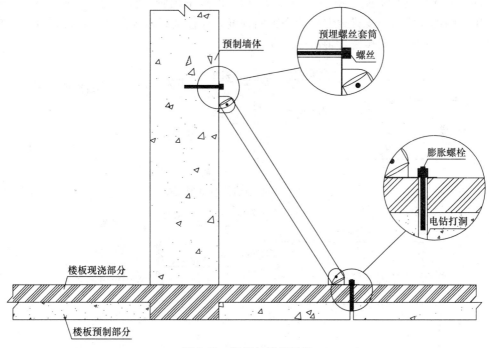

图 2-37　斜撑与楼板固定

1）墙体落稳后，标高、轴线复核完成，安装固定斜撑。

2）斜撑位置设置于墙体 2/3 处，支撑与水平线夹角在 55°～65°之间，每块墙板设置不少于 2 个支撑。

3）斜撑与墙体及楼板采用膨胀螺栓固定。膨胀螺栓与楼板固定螺栓长度 9cm，保证

57

螺栓进入叠合板的预制板内 3cm。

4）使用固定斜撑的微调功能调节墙体的垂直度；应用的斜撑以拉压两种功能为主，斜撑统一固定于墙体的一侧，留出过道，便于其他物品运输。

（7）封堵墙下缝

1）预制墙体构件均为剪力墙

用砂浆沿剪力墙体下外边四周 2cm 宽度进行抹灰封堵。

2）预制墙体构件内墙含填充墙

用砂浆沿两侧剪力墙四周 2cm 宽度进行抹灰封堵（图 2-38），待墙体灌浆完成后，将填充墙外侧用砂浆抹灰封边。

图 2-38 墙下封堵

（8）墙体后浇带钢筋绑扎

先安放后浇带焊接钢筋环，再放置竖向主筋，然后下层预留主筋与本层主筋绑扎，水平箍筋与主筋及墙体预留水平环筋进行绑扎。

（9）墙体后浇带支模（图 2-39～图 2-41），模板采用胶合板，配合 60mm×60mm 木方，用穿墙螺栓固定。支模要严格检查牢固程度，要控制好模板高度、截面尺寸等。模板间缝隙用胶带粘贴，避免浇注混凝土时漏浆。

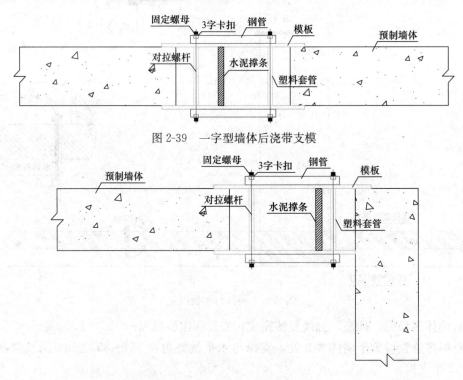

图 2-39 一字型墙体后浇带支模

图 2-40 转角处墙体后浇带支模

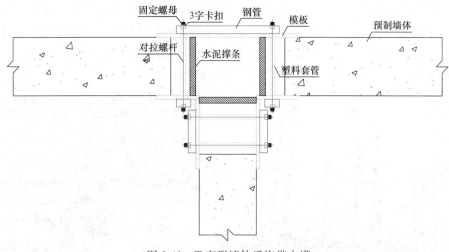

图 2-41　T 字形墙体后浇带支模

（10）墙体后浇带混凝土施工至墙体高度的 2/3 处且不超过 2m，剩余混凝土待叠合板现浇层混凝土施工时一起浇筑。

2. 隔墙安装

隔墙构件定位、安装施工均与剪力墙构件安装相同，只有连接形式不同。

（1）隔墙与相邻预制墙体连接

隔墙与相邻预制墙体之间采用预埋螺栓连接。预制隔墙在与相邻预制墙体连接位置处，预先按规定高度和距离埋设螺栓，且埋设螺栓不少于 2 个。

相邻预制剪力墙体在工厂加工时就在与隔墙连接处规定高度和距离处设置预埋铁盒，铁盒与预制剪力墙整体连接牢固，铁盒一面开口露在墙外留一洞口，且洞口应开得略大，便于调整。在螺栓与铁盒间放置一块与铁盒壁厚相同比洞口略大的垫片。现场安装时，待预制隔墙的标高和水平、垂直都到位后，把螺栓拧紧。

（2）隔墙与相邻现浇墙体连接

隔墙构件加工时预埋 2ϕ6 钢筋，预埋位置与现浇墙体相对应的上、下各 500mm 处，待现浇墙体施工时进行锚固。

（3）隔墙预埋管线连接

隔墙下部在楼板表面预留管线接头位置，预留（宽）10cm×（高）20cm×（厚）5cm 凹槽，墙内预埋管线在凹槽处甩出接头，作为隔墙管线与下层管线连接处；隔墙预留管线接头在上部叠合板交接处与现浇板内铺设的管线相接；接头处，用胶带缠绑紧密。

（4）隔墙板与楼板相接处，在隔墙板两侧预留 2cm 凹槽，在楼板对应位置处也预留 2cm 凹槽，等隔墙板安装完成后用水泥砂浆抹平。

（5）墙体安装完毕后，用砂浆封堵四周。

实例 2.2　水平构件现场装配准备与吊装

2.2.1　实例分析

某停车楼项目为装配式立体停车楼，该楼采用全装配式钢筋混凝土剪力墙-梁柱结构体系，预制率95%以上，抗震设防烈度为7度，结构抗震等级三级。该工程地上4层，地下1层，预制构件共计3788块，其中水平构件及竖向构件连接均采用灌浆套筒连接方式。

该项目技术员赵某需要结合施工及验收规范要求完成预制混凝土梁、预制混凝土楼板及预制混凝土楼梯等水平构件的吊装任务，如图2-42所示。

图2-42　水平构件楼板与楼梯吊装示意图

2.2.2　相关知识

1. 预制混凝土梁吊装施工

（1）预制框架梁吊装如图2-43所示。

图2-43　预制框架梁吊装示意图

（2）预制框架梁吊装施工流程如图2-44所示。

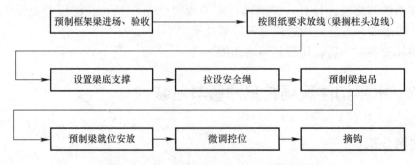

图2-44　预制框架梁吊装施工流程示意图

（3）施工要点

1）弹控制线

测出柱顶与梁底标高误差，柱上弹出梁边控制线。

2）注写编号

在构件上标明每个构件所属的吊装顺序和编号，便于吊装人员辨认。

3）梁底支撑

梁底支撑采用立杆支撑＋可调顶托＋100mm×100mm 木方，预制梁的标高通过支撑体系的顶丝来调节。

4）起吊

① 梁起吊时，用吊索钩住扁担梁的吊环，吊索应有足够的长度以保证吊索和扁担梁之间的角度≥60°。

② 当梁初步就位后，两侧借助柱头上的梁定位线将梁精确校正，在调平同时将下部可调支撑上紧，这时方可松去吊钩。

③ 主梁吊装结束后，根据柱上已放出的梁边和梁端控制线，检查主梁上的次梁缺口位置是否正确，如不正确，需做相应处理后方可吊装次梁，梁在吊装过程中要按柱对称吊装。

5）预制梁板柱接头连接

① 键槽混凝土浇筑前应将键槽内的杂物清理干净，并提前 24h 浇水湿润。

② 键槽钢筋绑扎时，为确保钢筋位置准确，键槽须预留 U 形开口箍，待梁柱钢筋绑扎完成，在键槽上安装∩形开口箍与原预留 U 形开口箍双面焊接 5d（d 为钢筋直径）。

2. 预制混凝土楼板吊装施工

（1）预制叠合楼板吊装示意图如图 2-45 所示。

图 2-45　预制叠合楼板吊装示意图

（2）预制叠合楼板吊装施工流程如图 2-46 所示。

（3）施工要点

1）进场验收

① 进场验收主要检查资料和外观质量，防止在运输过程中发生损坏现象。

② 预制叠合板进入工地现场，堆放场地应夯实平整，并应防止地面不均匀下沉。预制带肋底板应按照不同型号、规格分类堆放。预制带肋底板应采用板肋朝上叠放的堆放方

式，严禁倒置，各层预制带肋底板下部应设置垫木，垫木应上下对齐，不得脱空，如图 2-47 所示。

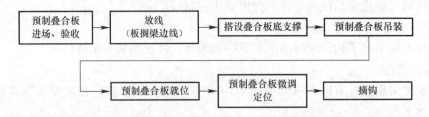

图 2-46 预制叠合楼板吊装施工流程示意图

图 2-47 预制叠合板堆放方式示意图

2）弹控制线和注写编号

在每条吊装完成的梁或墙上测量并弹出相应预制板四周控制线，并在构件上标明每个构件所属的吊装顺序和编号，便于吊装人员辨认。

3）板底支撑

在叠合板两端部位设置临时可调节支撑杆，预制楼板的支撑设置应符合以下要求：

① 支撑架体应具有足够的承载能力、刚度和稳定性，应能可靠地承受混凝土构件的自重和施工过程中所产生的荷载及风荷载。

② 确保支撑系统的间距及距离墙、柱、梁边的净距符合系统验算要求，上下层支撑应在同一直线上。板下支撑间距不大于 3.3m，当支撑间距大于 3.3m 且板面施工荷载较大时，跨中需在预制板中间加设支撑，如图 2-48 所示。

图 2-48 叠合板跨中加设支撑示意图

4）起吊

① 在可调节顶撑上架设木方，调节木方顶面至板底设计标高，开始吊装预制楼板。

② 预制带肋底板的吊点位置应合理设置，起吊就位应垂直平稳，两点起吊或多点起吊时吊索与板水平面所成夹角不宜小于 60°，不应小于 45°。

③ 吊装应按顺序连续进行，板吊至柱上方 3～6cm 后，调整板位置使锚固筋与梁箍筋错开便于就位，板边线基本与控制线吻合。将预制楼板坐落在木方顶面，及时检查板底与预制叠合梁的接缝是否到位，预制楼板钢筋入墙长度是否符合要求，直至吊装完成，如图 2-49 所示。

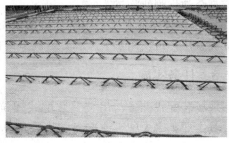

图 2-49　叠合板吊装完成示意图

5）误差控制

当一跨叠合板吊装结束后，要根据叠合板四周边线及板柱上弹出的标高控制线对板标高及位置进行精确调整，误差控制在 2mm。

3. 预制混凝土楼梯吊装施工

（1）预制楼梯吊装如图 2-50 所示。

图 2-50　预制楼梯吊装示意图

（2）预制楼梯吊装施工流程如图 2-51 所示。

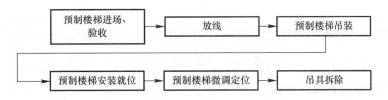

图 2-51　预制楼梯吊装施工流程示意图

（3）施工要点

1）确定控制线

楼梯间周边梁板叠合后，测量并弹出相应楼梯构件端部和侧边的控制线。

2）试吊

调整索具铁链长度，使楼梯段休息平台处于水平位置，试吊预制楼梯板，检查吊点位置是否准确，吊索受力是否均匀等；试起吊高度不应超过1m。

3）吊装

① 楼梯吊至梁上方30～50cm后，调整楼梯位置使上下平台锚固筋与梁箍筋错开，板边线基本与控制线吻合。

② 根据楼梯控制线，用就位协助设备等将构件根据控制线精确就位，先保证楼梯两侧准确就位，再使用水平尺和导链调节楼梯水平。

2.2.3　任务实施

现场装配式准备与吊装是装配式建筑虚拟仿真实训软件的重要模块之一，其主要工序为施工前准备、吊装机具选择、划线、塔机操作调运构件、构件安装、支撑固定等操作。根据标准图集15G366-1《桁架钢筋混凝土叠合板（60mm厚底板）》中编号为DBD68-2712-1的桁架叠合板为实例进行模拟仿真，具体仿真操作如下：

2-2　叠合板现场装配准备与吊装

（1）练习或考核计划下达

计划下达分两种情况，第一种：练习模式下学生根据学习需求自定义下达计划。第二种：考核模式下教师根据教学计划及检查学生掌握情况下达计划并分配给指定学生进行训练或考核，如图2-52、图2-53所示。

图 2-52　学生自主下达计划

（2）登录系统查询操作计划

输入用户名及密码登录，如图2-54所示。

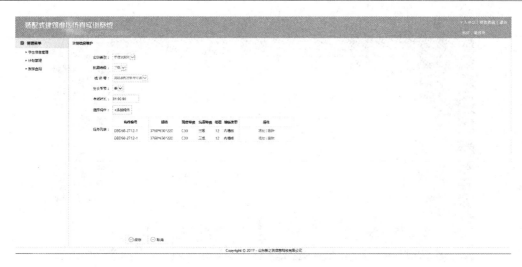

图 2-53　教师下达计划

图 2-54　系统登录

（3）任务查询

学生登录系统后查询施工任务，根据任务列表，明确任务内容，如图 2-55 所示。

（4）施工前准备

工作开始前首先进行施工前准备，包括：着装检查和杂物清理及施工前注意事项了解等，本次操作任务为叠合楼板，如图 2-56 所示。

（5）吊装机具选择

认知了解吊装机具，并根据施工需要及吊装构件类型，进行起重设备选择、吊具选择、起吊位置选择等操作，如图 2-57～图 2-60 所示。

图 2-55　任务查询

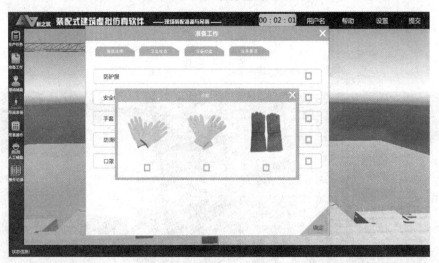

图 2-56　施工前准备

图 2-57　起重设备选择

图 2-58　吊具选择

图 2-59　吊点设置

图 2-60　施工场景

（6）构件吊装

构件的吊装需要塔机操作人员与构件安装人员配合操作，本软件仿真了对应两种操作角色。

1）塔机吊运构件

通过塔机操作面板，可控制塔机吊钩上升、下降、左转、右转、力矩控制等。首先将构件通过吊具固定到塔机上，然后操作塔机调运构件至待安装位置，如图 2-61 所示。

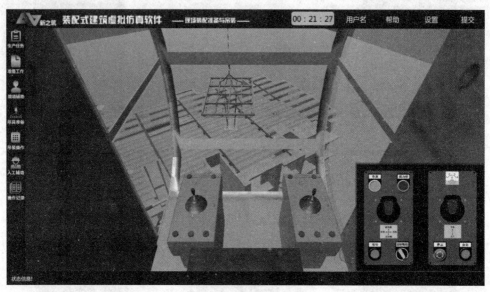

图 2-61　塔机吊装构件

2）安装人员协助安装构件

通过人工辅助操作界面，仿真人员协助安装工艺，可实现构件安装过程中的托、拉、转动等微调操作，配合塔机完成构件正确位置的安装，如图 2-62、图 2-63 所示。

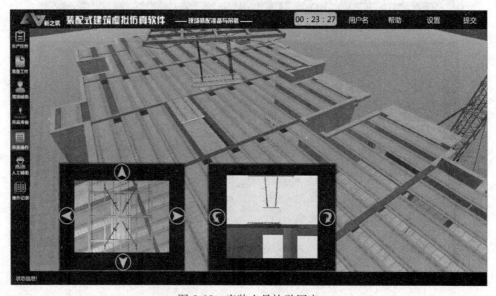

图 2-62　安装人员协助固定

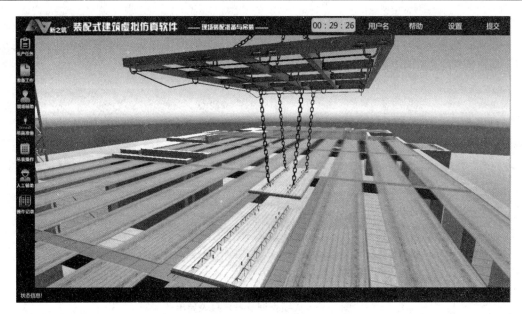

图 2-63 协作安装场景

3）构件吊装安装完毕后，即可进行松钩操作，操作塔机进行其他任务构件的安装，如图 2-64 所示。

图 2-64 松钩操作

（7）操作提交

任务操作完毕后即可点击"提交"按钮进行操作提交，本次操作结束。提交后，系统会自动对本操作任务的工艺操作、施工成本、施工质量、安全操作及工期等智能评价，形成考核记录和评分记录供教师或学生查询。

（8）成绩查询及考核报表导出

登录管理端，即可查询操作成绩，并且可以导出详细操作报表，详细报表包括：总成绩、操作成绩、操作记录、评分记录等，如图 2-65 所示。

图 2-65　成绩查询及考核报表导出

2.2.4　知识拓展

某工程项目预制构件施工方案案例节选如下：

1. 预制叠合梁构件安装

（1）叠合梁根据支座锚固形式分为二种。叠合梁上部钢筋在支座钢筋直锚满足要求时，叠合梁箍筋做成封闭箍（图 2-66）。叠合梁上部钢筋在支座钢筋弯锚时，叠合梁箍筋做成开口箍（图 2-67）。

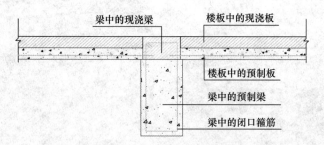

图 2-66　叠合梁闭口箍筋示意图

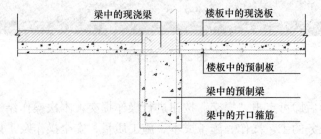

图 2-67　叠合梁开口箍筋示意图

（2）叠合梁为了保证上部叠合板钢筋进入梁内支座，将叠合梁钢筋按设计绑扎箍筋、底筋、腰筋后进行混凝土浇筑。叠合梁上部主筋待叠合板预制构件安装完成后进行绑扎。

（3）预制叠合梁吊装

1）叠合梁安装前准备：将相应叠合梁下的墙体梁窝处钢筋调整到位，适于叠合梁外露钢筋的安放。

2）吊装安放：先将叠合梁一侧吊点降低穿入支座中再放置另一侧吊点，然后支设底部支撑。

3）根据剪力墙上弹出标高控制线校核叠合梁标高位置，利用支撑可调节功能进行调节，标高符合要求后，叠合梁两头用焊接固定，然后摘掉叠合梁挂钩。

4）由于叠合梁分两种形式，封闭箍筋与开口箍筋。封闭箍筋：叠合梁安装完成后进行上部现浇层穿筋，直接将上部钢筋穿入箍筋并绑扎即可。而开口箍筋：将叠合梁安装完毕后将上层主筋先穿入再将箍筋用专用工具进行封闭，再将主筋与箍筋进行绑扎固定。

2. 叠合板构件安装

（1）叠合板构件安装工艺

支设预制板下钢支撑→叠合板构件安装→叠合板后浇带、现浇梁支模→后浇带、叠合梁（现浇梁）钢筋→预埋线管连接→叠合板绑筋→后浇带、现浇梁、叠合板、叠合梁现浇混凝土。

（2）支设预制板下钢支撑

1）内外墙、叠合梁安装完成后，按设计位置支设应用支撑专用三脚架安装支撑，每块预制板支撑为四个以上。

2）安放其上龙骨，龙骨顶标高为叠合板下标高。

（3）预制叠合板构件安装

1）操作人员站在楼梯间的缓台板搭设的马凳上，手扶叠合板预制构件摆正位置后用遛绳控制预制板高空位置。

2）受锁具及吊点影响，板的各边不是同时下落，对位时需要三人对正：两个人分别在长边扶正，一个人在短边用撬棍顶住板，将角对准墙角（三点共面）、短边对准墙下落，这样才能保证各边都准确的落在墙边。

3）将构件用撬棍校正，各边预制构件均落在剪力墙、现浇梁（叠合梁）上 1cm，预制构件预留钢筋落于支座处后下落，完成预制构件的初步安装就位。

4）预制构件安装初步就位后，应用支撑专用三脚架上的微调器及可调节支撑对构件进行三向微调，确保预制构件调整后标高一致、板缝间隙一致。根据剪力墙上 500mm 控制线校核板顶标高。

5）叠合板安装完成后，在进入墙体的 1cm 处抹水泥砂浆防止叠合板上层现浇混凝土施工时漏浆到下部墙体上。

（4）叠合板后浇带及现浇梁底（叠合梁）支模

1）模板工程主要针对需要现场混凝土浇筑的部位，如叠合板的后浇带、现浇梁及叠合梁的封堵。

2）后浇带、现浇梁模板采用多层胶合板，采用扣件式钢管支撑。

3）现浇梁封堵，侧帮采用胶合板，用穿墙螺栓固定。

4）支模要严格检查牢固程度，要控制好模板高度、截面尺寸等。

5）模板间缝隙、墙模板与叠合板的缝隙用胶带粘贴，避免浇注混凝土时漏浆。

6）配套施工完毕后，用鼓风机清除现浇梁（叠合梁）、后浇带及叠合板上杂物。

（5）预制混凝土叠合板后浇带及板端支座钢筋施工

1）预制混凝土叠合板后浇带

① 预制混凝土叠合板设置通长后浇带，后浇带宽度不宜小于 200mm。叠合板构件底部钢筋进行弯折，并且沿后浇带设置贯通纵筋与弯折钢筋进行绑扎连接。

② 预制混凝土叠合板与现浇卫生间降板处后浇带，后浇带宽度不小于 200mm。现浇板底部钢筋沿后浇带向上进行弯折进入叠合板现浇层内，满足弯折长度加平直长度等于锚固长度。

2）叠合板端支座钢筋施工

① 叠合板端预留钢筋进入预制剪力墙支座≥5d 且至少进入支座中线。

② 叠合板端预留钢筋进入叠合梁（箍筋开口箍）支座≥5d 且至少进入支座中线。叠合梁主筋弯锚时，采用箍筋开口形式。

施工程序：叠合梁安装（箍筋做成开口箍）→预制叠合板构件安装→绑扎叠合梁上部钢筋→叠合梁箍筋封闭→绑扎叠合板上层钢筋→浇筑叠合板上层混凝土。

③ 叠合板端预留钢筋进入叠合梁（箍筋闭口箍）支座≥5d 且至少进入支座中线。叠合梁主筋直锚可以满足锚固长度时，采用箍筋闭口形式。

施工程序：叠合梁上部钢筋绑扎（箍筋做成闭口箍）→安装叠合梁→预制叠合板构件安装→绑扎叠合板上层钢筋→浇筑叠合板上层混凝土。

④ 叠合板进入现浇梁支座，预制构件端预留钢筋进入现浇梁支座≥5d 且至少进入支座中线。

施工程序：预制叠合板构件安装→支现浇梁底模→绑现浇梁钢筋→支现浇梁侧模→施工叠合板上层钢筋→浇筑叠合板上层混凝土。

（6）预制叠合板上现浇板内线管铺设

1）预制叠合板构件安装完毕后，在板上按设计图纸铺设线管，并用铁丝及钢钉将线管固定，线管接头处应用一段长 40cm 套管（内径≥铺设线管外径）将接头双向插入，并用胶带将其固定。将预制板中预埋线盒对应孔洞打开，然后按图纸把线管插入，上面用砂浆将线盒四周封堵，防止浇捣混凝土时把线盒封死。最后将各种管线连至相应管道井。

2）各种预理功能管线必须接口封密，符合国家验收标准。

（7）现浇板钢筋绑扎

1）现浇板下部钢筋应在预制叠合板安装完毕，安装工程线管还未开始铺设连接前就按图施工完成；其上部钢筋应与叠合板上现浇层钢筋一起铺设绑扎。

2）按着设计规格、型号下料后进行绑扎。

3）为了保证钢筋间距位置准确，首先在预制构件上画出间距线，按尺寸线进行绑扎。

3. 预制阳台、飘窗、窗台板构件安装

（1）根据控制线确定预制构件的水平、垂直位置，将位置控制线弹在剪力墙上，然后搭设支撑。

（2）对构件规格、型号核对后吊装安装。

（3）将预制构件通过起重设备吊装至固定的脚手架支撑平面位置后，首先检查构件的稳定性，反复检测构件四角位置，人工校正后，确保四角在同一设计水平高度上，位置准确后方可摘下吊装挂钩。

（4）预制阳台预留的锚固钢筋与现浇梁受力预留钢筋焊接连接，施工后由质检员对焊接连接处进行全数检查。将飘窗、窗台板抗倾覆梁主筋在两侧现浇暗柱进行锚固。

小结

通过本部分学习，要求学生应掌握以下内容：

1. 掌握竖向构件现场装配准备与吊装内容，包括起重吊装设备、吊具，预制框架柱、预制混凝土剪力墙、预制内隔墙、预制混凝土外墙挂板的施工流程和施工工艺等。

2. 掌握水平构件现场装配准备与吊装内容，包括预制混凝土梁、预制混凝土楼板、预制混凝土楼梯施工流程和施工工艺等。

习题

1. 怎样进行起重机选型？
2. 预制构件进场验收的内容有哪些？
3. 预制框架柱的施工流程和施工工艺是什么？
4. 预制混凝土剪力墙的施工流程和施工工艺是什么？
5. 预制内隔墙的施工流程和施工工艺是什么？
6. 预制混凝土外墙挂板的施工流程和施工工艺是什么？
7. 预制混凝土梁施工流程和施工工艺是什么？
8. 预制混凝土楼板施工流程和施工工艺是什么？
9. 预制混凝土楼梯施工流程和施工工艺是什么？

任务 3 构件灌浆

实例 3.1 竖向构件灌浆

3.1.1 实例分析

某停车楼项目为装配式立体停车楼，该楼采用全装配式钢筋混凝土剪力墙-梁柱结构体系，预制率 95% 以上，抗震设防烈度为 7 度，结构抗震等级三级。该工程地上 4 层，地下 1 层，预制构件共计 3788 块，其中水平构件及竖向构件连接均采用灌浆套筒连接方式。

现在该工程其中一块预制剪力墙外墙板已完成吊装固定，该项目现场灌浆操作班组技术员赵某需要将该预制外墙板进行灌浆连接，如图 3-1 所示。

图 3-1 剪力墙套筒灌浆示意图

3.1.2 相关知识

钢筋灌浆套筒连接是在金属套筒内灌注水泥基浆料，将钢筋对接连接所形成的机械连接接头。

1. 竖向构件钢筋灌浆套筒连接原理及工艺

（1）竖向构件钢筋灌浆套筒连接原理

带肋钢筋插入套筒，向套筒内灌注无收缩或微膨胀的水泥基灌浆料，充满套筒与钢筋之间的间隙，灌浆料硬化后与钢筋的横肋和套筒内壁凹槽或凸肋紧密齿合，钢筋连接后所受外力能够有效传递。

实际应用在竖向预制构件时，通常将灌浆连接套筒现场连接端固定在构件下端部模板上，另一端即预埋端的孔口安装密封圈，构件内预埋的连接钢筋穿过密封圈插入灌浆连接套筒的预埋端，套筒两端侧壁上灌浆孔和出浆孔分别引出两条灌浆管和出浆管连通至构件外表面，预制构件成型后，套筒下端为连接另一构件钢筋的灌浆连接端。构件在现场安装时，将另一构件的连接钢筋全部插入该构件上对应的灌浆连接套筒内，从构件下部各个套筒的灌浆孔向各个套筒内灌注高强灌浆料，至灌浆料充满套筒与连接钢筋的间隙从所有套筒上部出浆孔流出，灌浆料凝固后，即形成钢筋套筒灌浆接头，从而完成两个构件之间的钢筋连接。

（2）竖向构件钢筋灌浆套筒连接工艺

钢筋套筒灌浆连接分 2 个阶段进行，第 1 阶段在预制构件加工厂，第 2 阶段在结构安装现场。

预制剪力墙、柱在工厂预制加工阶段，是将一端钢筋与套筒进行连接或预安装，再与构件的钢筋结构中其他钢筋连接固定，套筒侧壁接灌浆、排浆管并引到构件模板外，然后浇筑混凝土，将连接钢筋、套筒预埋在构件内。其连接钢筋和套筒的布置如图 3-2 所示。

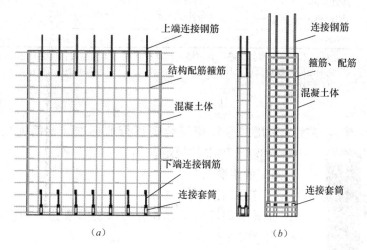

图 3-2　剪力墙、柱接头及布筋示意图
（a）剪力墙；（b）柱

2. 钢筋灌浆套筒接头的组成

钢筋灌浆套筒连接接头由带肋钢筋、套筒和灌浆料三个部分组成，如图 3-3 所示。

（1）连接钢筋

《钢筋连接用灌浆套筒》JG/T 398—2012 规定了灌浆套筒适用直径为 12～40mm 的热轧带肋或余热处理钢筋，钢筋的机械性能技术参数见表 3-1。

图 3-3　钢筋灌浆套筒接头组成

钢筋的机械性能技术参数　　　　　　　　　　　　　　　　表 3-1

强度级别	钢筋牌号	屈服强度（MPa）	抗拉强度（MPa）	延伸率	断后伸长率
335	HRB335 HRBF335	≥335	≥455	≥17%	≥7.5%
	HRB335E HRBF335E	≥335	≥455	≥17%	≥9%
400	HRB400 HRBF400	≥400	≥540	≥16%	≥7.5%
	HRB400E HRBF400E	≥400	≥540	≥16%	≥9.0%
	RRB400	≥400	≥540	≥14%	≥5.0%
	RRB400W	≥430	≥570	≥16%	≥7.5%

强度级别	钢筋牌号	屈服强度（MPa）	抗拉强度（MPa）	延伸率	断后伸长率
500	HRB500 HRBF500	≥500	≥630	≥15%	≥7.5%
	HRB500E HRBF500E	≥500	≥630	≥15%	≥9.0%
	RRB500	≥500	≥630	≥13%	≥5.0%

注：1. 带"E"钢筋为适用于抗震结构的钢筋，其钢筋实测抗拉强度与实测屈服强度之比不小于1.25；钢筋实测屈服强度与规定的屈服强度特征值之比不大于1.30，最大力总伸长率不小于9%；

2. 带"W"钢筋为可焊接的余热处理钢筋。

（2）灌浆套筒

钢筋套筒灌浆连接接头采用的套筒应符合现行行业标准《钢筋连接用灌浆套筒》JG/T 398—2012 的规定。

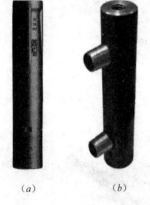

图 3-4　灌浆套筒按加工方式分类

（a）铸造灌浆套筒；
（b）机械加工灌浆套筒

1）灌浆套筒分类

① 按加工方式

灌浆套筒按加工方式分为铸造灌浆套筒和机械加工灌浆套筒，如图 3-4 所示。

② 按结构形式

灌浆套筒按结构形式分为全灌浆套筒和半灌浆套筒。

全灌浆套筒接头两端均采用灌浆方式连接钢筋，适用于竖向构件（墙、柱）和横向构件（梁）的钢筋连接，如图 3-5 所示。

半灌浆套筒接头一端采用灌浆方式连接，另一端采用非灌浆方式（通常采用螺纹连接）连接钢筋，主要适用于竖向构件（墙、柱）的连接，如图 3-6 所示。半灌浆套筒按非灌浆一端连接方式还分为直接滚轧直螺纹灌浆套筒、剥肋滚轧直螺纹灌浆套筒和镦粗直螺纹灌浆套筒。

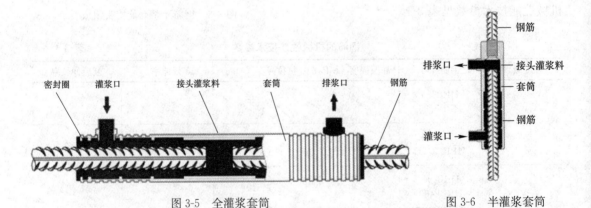

图 3-5　全灌浆套筒　　　　　　　　　　　　　　图 3-6　半灌浆套筒

2）灌浆套筒型号

灌浆套筒型号由名称代号、分类代号、主参数代号和产品更新变形代号组成。灌浆套筒主参数为被连接钢筋的强度级别和直径。灌浆套筒型号表示如图 3-7 所示。

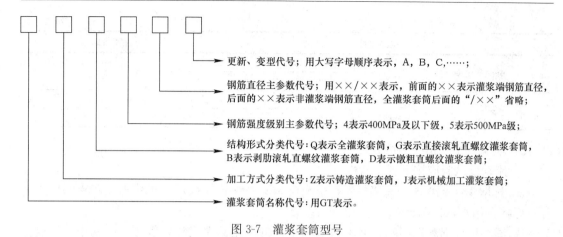

图 3-7　灌浆套筒型号

如 GTZQ440 表示：采用铸造加工的全灌浆套筒，连接标准屈服强度为 400MPa、直径 40mm 的钢筋。

GTJB536/32A 表示：采用机械加工方式加工的剥肋滚轧直螺纹灌浆套筒，第一次变形，连接标准屈服强度为 500MPa 钢筋，灌浆端连接直径 36mm 的钢筋，非灌浆端连接直径 32mm 的钢筋。

3）灌浆套筒内径与锚固长度

灌浆套筒灌浆端的最小内径与连接钢筋公称直径的差值不宜小于表 3-2 规定的数值，用于钢筋锚固的深度不宜小于插入钢筋公称直径的 8 倍。

灌浆套筒内径最小尺寸要求　　　　　　　　　　　　　　　　　　　表 3-2

钢筋直径（mm）	套筒灌浆段最小内径与连接钢筋公称直径差最小值（mm）
12～25	10
28～40	15

（3）灌浆料

钢筋连接用套筒灌浆料是以水泥为基本材料，配以细骨料及混凝土外加剂和其他材料组成的干混料，加水搅拌后具有良好的流动性、早强、高强、微膨胀等性能，填充于套筒和带肋钢筋间隙内，简称"套筒灌浆料"。

1）灌浆料性能指标

《钢筋连接用套筒灌浆料》JG/T 408—2013 中规定了灌浆料在标准温度和湿度条件下的各项性能指标的要求（表 3-3）。其中抗压强度值越高，对灌浆接头连接性能越有帮助；流动度越高对施工作业越方便，接头灌浆饱满度越容易保证。

钢筋连接用套筒灌浆料主要性能指标　　　　　　　　　　　　　　　表 3-3

检测项目		性能指标
流动度（mm）	初始	≥300
	30min	≥260
抗压强度（MPa）	1d	≥35
	3d	≥60
	28d	≥85

续表

检测项目		性能指标
竖向膨胀率（%）	3h	≥0.02
	24h与3h差值	0.02~0.5
氯离子含量（%）		≤0.03
泌水率（%）		0

2）灌浆料主要指标测试方法

① 流动度试验应按下列步骤进行：

A. 称取 1800g 水泥基灌浆材料，精确至 5g；按照产品设计（说明书）要求的用水量称量好拌合用水，精确至 1g。

B. 湿润搅拌锅和搅拌叶，但不得有明水。将水泥基灌浆材料倒入搅拌锅中，开启搅拌机，同时加入拌合水，应在 10s 内加完。

C. 按水泥胶砂搅拌机的设定程序搅拌 240s。

D. 湿润玻璃板和截锥圆模内壁，但不得有明水；将截锥圆模放置在玻璃板中间位置。

E. 将水泥基灌浆材料浆体倒入截锥圆模内，直至浆体与截锥圆模上口平；徐徐提起截锥圆模，让浆体在无扰动条件下自由流动直至停止。

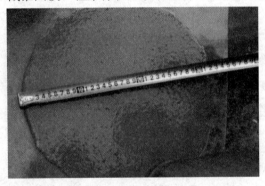

图 3-8　灌浆料流动度测定

F. 测量浆体最大扩散直径及与其垂直方向的直径（图 3-8），计算平均值，精确到 1mm，作为流动度初始值；应在 6min 内完成上述搅拌和测量过程。

G. 将玻璃板上的浆体装入搅拌锅内，并采取防止浆体水分蒸发的措施。自加水拌合起 30min 时，将搅拌锅内浆体按 C~F 步骤试验，测定结果作为流动度 30min 保留值。

② 抗压强度试验步骤：

抗压强度试验试件应采用尺寸为 40mm×40mm×160mm 的棱柱体。

A. 称取 1800g 水泥基灌浆材料，精确至 5g；按照产品设计（说明书）要求的用水量称量拌合用水，精确至 1g。

B. 按照流动度试验的有关规定拌合水泥基灌浆材料。

C. 将浆体灌入试模，至浆体与试模的上边缘平齐，成型过程中不应振动试模。应在 6min 内完成搅拌合成型过程。

D. 将装有浆体的试模在成型室内静置 2h 后移入养护箱。

E. 灌浆料抗压强度的试验按水泥胶砂强度试验有关规定执行。

③ 竖向膨胀率试验步骤：

A. 仪表安装（图 3-9）应符合下列要求：

a. 钢垫板：表面平装，水平放置在工作台上，水平度不应超过 0.02；

b. 试模：放置在钢垫板上，不可摇动；

c. 玻璃板：平放在试模中间位置。其左右两边与试模内侧边留出 10mm 空隙；

d. 百分表架固定在钢垫板上，尽量靠近试模，缩短横杆悬臂长度；

e. 百分表：百分表与百分表架卡头固定牢靠。但表杆能够自由升降。安装百分表时，要下压表头，使表针指到量程的 1/2 处左右。百分表不可前后左右倾斜。

B. 按流动度试验的有关规定拌合水泥基灌浆材料。

C. 将玻璃板平放在试模中间位置，并轻轻压住玻璃板。拌合料一次性从一侧倒满试模，至另一侧溢出并高于试模边缘约 2mm。

D. 用湿棉丝覆盖玻璃板两侧的浆体。

E. 把百分表测量头垂直放在玻璃板中央，并安

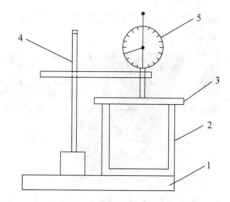

图 3-9　竖向膨胀率装置示意图
1—钢垫板；2—试模；3—玻璃板；
4—百分表架（磁力式）；5—百分表

装牢固。在 30s 内读取百分表初始读数 h_0；成型过程应在搅拌结束后 3min 内完成。

F. 自加水拌合时起分别于 3h 和 24h 读取百分表的读数 h_t。整个测量过程中应保持棉丝湿润，装置不得受振动。成型养护温度均为 $20\pm2℃$。

G. 竖向膨胀率应按公式 3-1 计算：

$$\varepsilon_t \frac{h_t - h_0}{h} \times 100\% \tag{3-1}$$

式中　ε_t——竖向膨胀率；

h_t——试件龄期为 t 时的高度读数，单位为毫米（mm）；

h_0——试件高度的初始读数，单位为毫米（mm）；

h——试件基准高度 100，单位为毫米（mm）。

试验结果取一组三个试件的算术平均值，计算精确至 10^{-2}。

3）灌浆料使用注意事项

灌浆料是通过加水拌合均匀后使用的材料，不同厂家的产品配方设计不同，虽然都可以满足《钢筋连接用套筒灌浆料》JG/T 408—2013 所规定的性能指标，但却具有不同的工作性能，对环境条件的适应能力不同，灌浆施工的工艺也会有所差异。

为了确保灌浆料使用时达到其产品设计指标，具备灌浆连接施工所需要的工作性能，并能最终顺利地灌注到预制构件的灌浆套筒内，实现钢筋的可靠连接，操作人员需要严格掌握并准确执行产品使用说明书规定的操作要求。实际施工中需要注意的要点包括：

① 灌浆料使用时应检查产品包装上印制的有效期和产品外观，无过期情况和异常现象后方可开袋使用。

② 加水。浆料拌合时严格控制加水量，必须执行产品生产厂家规定的加水率。

加水过多时，会造成灌浆料泌水、离析、沉淀，多余的水分挥发后形成孔洞，严重降低灌浆料抗压强度。加水过少时，灌浆料胶凝材料部分不能充分发生水化反应，无法达到预期的工作性能。

灌浆料宜在加水后 30min 内用完，以防后续灌浆遇到意外情况时灌浆料可流动的操作时间不足。

③ 搅拌。灌浆料与水的拌合应充分、均匀，通常是在搅拌容器内先后依次加入水及

灌浆料并使用产品要求的搅拌设备，在规定的时间范围内，将浆料拌合均匀，使其具备应有的工作性能。

图 3-10　搅拌灌浆料

灌浆料搅拌时，应保证搅拌容器的底部边缘死角处的灌浆料干粉与水充分拌合搅拌均匀后，需静置 2～3min 排气，尽量排出搅拌时卷入浆料的气体，保证最终灌浆料的强度性能，如图 3-10 所示。

④ 流动度检测。灌浆料流动度是保证灌浆连接施工的关键性能指标，灌浆施工环境的温、湿度差异，影响着灌浆的可操作性。在任何情况下，流动度低于要求值的灌浆料都不能用于灌浆连接施工，以防止构件灌浆失败造成事故。

为此在灌浆施工前，应首先进行流动度的检测，在流动度值满足要求后方可施工，施工中注意灌浆时间应短于灌浆料具有规定流动度值的时间（可操作时间）。

每工作班应检查灌浆料拌合物初始流动度不少于 1 次，确认合格后，方可用于灌浆；留置灌浆料强度检验试件的数量应符合验收及施工控制要求。

⑤ 灌浆料的强度与养护温度。灌浆料是水泥基制品，其抗压强度增长速度受养护环境的温度影响。

冬期施工灌浆料强度增长慢，后续工序应在灌浆料满足规定强度值后方可进行；而夏季施工灌浆料凝固速度加快，灌浆施工时间必须严格控制。

⑥ 散落的灌浆料拌合物成分已经改变，不得二次使用；剩余的灌浆料拌合物由于已经发生水化反应，如再次加灌浆料、水后混合使用，可能出现早凝或泌水，故不能使用。

3. 灌浆施工及检验工具

（1）灌浆设备

1）电动灌浆设备（表 3-4）

电动灌浆设备　　　　　　　　　　　　　　　　　表 3-4

产品	泵管挤压灌浆泵	螺杆灌浆泵	气动灌浆器
工作原理	泵管挤压式	螺杆挤压式	气压式
示意图			
优点	流量稳定，快速慢速可调，适合泵送不同黏度灌浆料。 故障率低，泵送可靠，可设定泵送极限压力。 使用后需要认真清洗，防止浆料固结堵塞设备	适合低黏度，骨料较粗的灌浆料灌浆。 体积小重量轻，便于运输。 螺旋泵胶套寿命有限，骨料对其磨损较大，需要更换。 扭矩偏低，泵送力量不足。 不易清洗	结构简单，清洗简单。 没有固定流量，需配气泵使用，最大输送压力受气体压力制约，不能应对需要较大压力灌浆场合。 要严防压力气体进入灌浆料和管路中

2）手动灌浆设备（图 3-11）

适用于单仓套筒灌浆、制作灌浆接头及水平缝连通腔不超过 30cm 的少量接头灌浆、补浆施工。

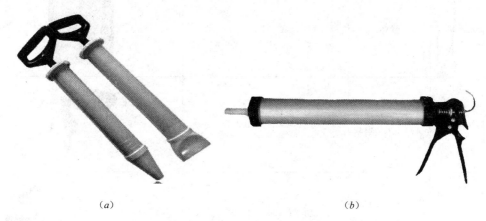

（a）　　　　　　　　　　　　　　　　　　　　（b）

图 3-11　单仓灌浆用手动灌浆枪

（a）推压式灌浆枪；（b）按压式灌浆枪

（2）灌浆料称量检验工具（表 3-5）

灌浆料称量检验工具

表 3-5

工作项目	工具名称	规格参数	图示
流动度检测	圆截锥试模	上口×下口×高： $\phi 70 \times \phi 100 \times 60mm$	
	钢化玻璃板	长×宽×厚： 500mm×500mm×6mm	
抗压强度检测	试块试模	长×宽×高 40mm×40mm×160mm 三联	
施工环境及材料的温度检测	测温计	—	
灌浆料、拌合水称重	电子秤	30～50kg	

续表

工作项目	工具名称	规格参数	图示
拌合水计量	量杯	3L	
灌浆料拌合容器	平底金属桶 （最好为不锈钢制）	ϕ300×H400，30L	
灌浆料拌合工具	电动搅拌机	功率：1200～1400W； 转速：0～800rpm 可调； 电压：单相 220V/50H； 搅拌头：片状或圆形花栏式	

（3）应急设备

1）高压水枪（图 3-12）

冲洗灌浆不合格的构件及灌浆料填塞部位用。

2）柴油发电机（图 3-13）

大型构件灌浆突然停电时，给电动灌浆设备应急供电用。

图 3-12　高压水枪　　　　　图 3-13　柴油发电机

4. 竖向构件灌浆施工工艺及要求

（1）灌浆施工工艺流程

图 3-14 所示为现场预制构件灌浆连接施工作业工艺。

（2）竖向构件灌浆施工要点

灌浆施工须按施工方案执行灌浆作业。全过程应有专职检验人员负责现场监督并及时形成施工检查记录。

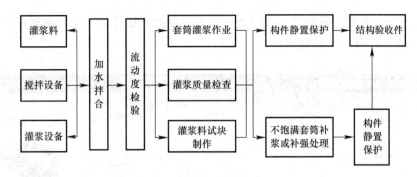

图 3-14 现场预制构件灌浆连接施工作业工艺

1）灌浆施工方法

竖向钢筋套筒灌浆连接，灌浆应采用压浆法从灌浆套筒下方灌浆孔注入，当灌浆料从构件上本套筒和其他套筒的灌浆孔、出浆孔流出后应及时封堵。

竖向构件宜采用联通腔灌浆，并合理划分联通灌浆区域，每个区域除预留灌浆孔、出浆孔与排气孔（有些需要设置排气孔）外，应形成密闭空腔，且保证灌浆压力下不漏浆；联通灌浆区域内任意两个灌浆套筒间距不宜超过 1.5m。采用连通腔灌浆方式时，灌浆施工前应对各连通灌浆区域进行封堵，且封堵材料不应减小结合面的设计面积。竖向钢筋套筒灌浆连接用连通腔工艺灌浆时，采用一点灌浆的方式，即用灌浆泵从接头下方的一个灌浆孔处向套筒内压力灌浆，在该构件灌注完成之前不得更换灌浆孔，且需连续灌注，不得断料，严禁从出浆孔进行灌浆。当一点灌浆遇到问题而需要改变灌浆点时，各套筒已封堵灌浆孔、出浆孔应重新打开，待灌浆料拌合物再次流出后进行封堵。

竖向预制构件不采用联通腔灌浆方式时，构件就位前应设置坐浆层或套筒下端密封装置。

2）灌浆施工环境温度要求

灌浆施工时，环境温度应符合灌浆料产品使用说明书要求；环境温度低于 5℃时不宜施工，低于 0℃时不得施工；当环境温度高于 30℃时，应采取降低灌浆料拌合物温度的措施。

3）灌浆施工异常的处置

接头灌浆时出现无法出浆的情况时，应查明原因，采取补救施工措施：对于未密实饱满的竖向连接灌浆套筒，当在灌浆料加水拌合 30min 内时，应首选在灌浆孔补灌；当灌浆料拌合物已无法流动时，可从出浆孔补灌，并应采用手动设备结合细管压力灌浆，但此时应制定专门的补灌方案并严格执行。

3.1.3 任务实施

构件灌浆模块是装配式建筑虚拟仿真实训软件的重要模块之一，其主要工序为施工前准备、灌浆机具选择、封缝料制作、墙体封缝操作、灌浆料制作、灌浆料流动度检测、构件灌浆、工完料清。根据标准图集 15G365-1 《预制混凝土剪力墙外墙板》中编号为 WQCA-3028-1516 夹心墙板为实例进行模拟仿真灌浆过程，具体仿真操作如下：

3-1 外墙板 构件灌浆

（1）练习或考核计划下达

计划下达分两种情况，第一种：练习模式下学生根据学习需求自定义下达计划。第二种：考核模式下教师根据教学计划及检查学生掌握情况下达计划并分配给指定学生进行训练或考核，如图 3-15、图 3-16 所示。

图 3-15　学生自主下达计划

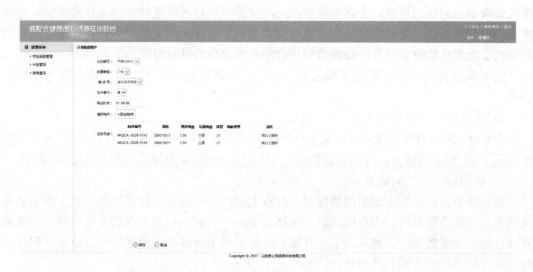

图 3-16　教师下达计划

（2）登录系统查询操作计划

输入用户名及密码登录，如图 3-17 所示。

（3）任务查询

学生登录系统后查询施工任务，根据任务列表，明确任务内容，如图 3-18 所示。

（4）施工前准备

工作开始前首先进行施工前准备，着装检查和杂物清理及施工前注意事项了解，本次操作任务为带窗口空洞的夹心墙板，如图 3-19 所示。

图 3-17　系统登录

图 3-18　任务查询

（5）灌浆机具选择

根据灌浆过程所需工具，从工具库领取相应工具，如图 3-20 所示。

（6）封缝料制作

根据工作任务计算所需封缝料用量及领取对应用量的原料进行封缝料制作，过程中训练项目包括原料成本控制、配比及操作步骤，如图 3-21 所示。

（7）封缝操作

操作封缝枪将构件四周进行封缝密封操作，如图 3-22 所示。

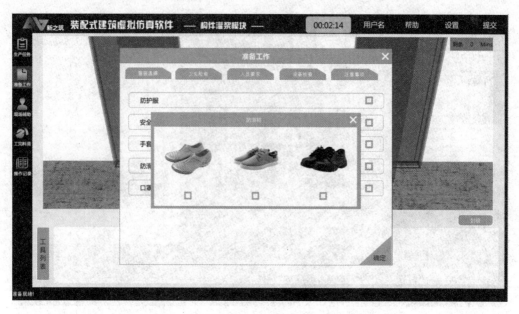

图 3-19　施工前准备

图 3-20　灌浆机具选择

（8）灌浆料流动度测试

根据灌浆料配比制作适当灌浆料样品进行灌浆料流动度测试（图 3-23、图 3-24），操作方法如下：

1）灌浆前应首先测定灌浆料的流动度。

2）主要设备及工具：圆截锥试模、钢化玻璃板。

3）检测方法：将制备好的灌浆料倒入钢化玻璃板上的圆截锥试模，进行振动排出气

图 3-21　封缝料制作

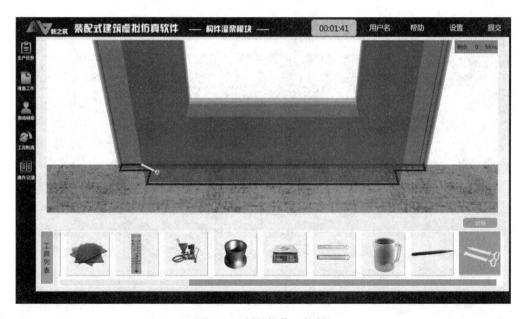

图 3-22　封缝操作（控制）

体，提起圆截锥试模，待砂浆流动扩散停止，测量两方向扩展度，取平均值。

4）要求初始流动度大于等于 300mm，30min 流动度大于等于 260mm。

（9）灌浆料制作

添加等比例的水与灌浆干料，进行搅拌，搅拌方法：先向筒内加入拌合用水量80％的水，若施工场地气温高于 30℃时，需将 20％的拌合用水置换成同等重量的冰块，如图 3-25 所示。

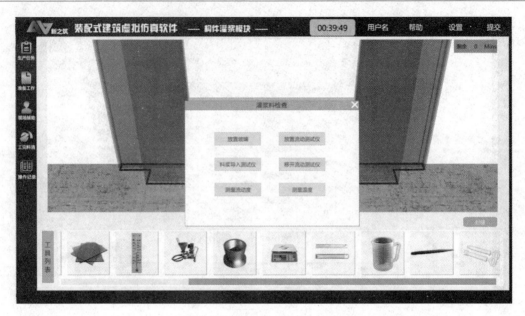

图 3-23　灌浆料流动度测试（控制端）

图 3-24　灌浆料流动度测试（虚拟端）

（10）构件灌浆

1）灌浆孔检查

检查灌浆孔的目的：为了确保灌浆套筒内畅通，没有异物。套筒内不畅通会导致灌浆料不能填充满套筒，造成钢筋连接不符合要求。

检查方法：使用细钢丝从上部灌浆孔伸入套筒，如从底部可伸出，并且从下部灌浆孔可看见细钢丝，即畅通。如果钢丝无法从底部伸出，说明里面有异物，需要清除异物直到畅通为止。

图 3-25　灌浆料搅拌（虚拟端）

2）构件灌浆操作

把枪嘴对准套筒下部的胶管，操作灌浆注入灌浆料，直至溢浆孔连续出浆且无气泡时，通过木塞进行封堵。待全部出浆口封堵完毕后，本任务构件灌浆完毕，如图 3-26、图 3-27所示。

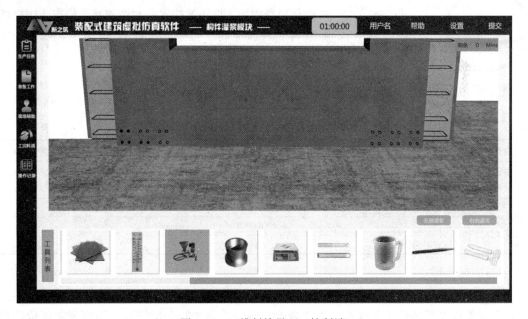

图 3-26　二维封堵界面（控制端）

3）灌浆注意事项

① 灌浆料要在自加水搅拌开始 20～30min 内灌完，以尽量保留一定的操作应急时间。

② 同一仓只能在一个灌浆孔灌浆，不能同时选择两个以上孔灌浆。

图 3-27　灌浆场景（虚拟端）

③ 同一仓应连续灌浆，不得中途停顿。如果中途停顿，再次灌浆时，应保证已灌入的浆料有足够的流动性后，还需要将已经封堵的出浆孔打开，待灌浆料再次流出后逐个封堵出浆孔。

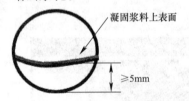

凝固浆料上表面

≥5mm

图 3-28　接头充盈度检验

4）灌浆接头充盈度检验

灌浆料凝固后，取下灌排浆孔封堵胶塞，检查孔内凝固的灌浆料上表面应高于排浆孔下缘 5mm 以上，如图 3-28 所示。

5）填写灌浆施工记录

灌浆完成后，填写灌浆作业记录表（表 3-6）。

套筒灌浆施工报告书　　　　　　　　　　　　　　　　　　表 3-6

项目名称：			施工日期：		施工部位（构件编号）：
灌浆开始时间： 灌浆结束时间：			灌浆责任人：		监理责任人：
灌浆料注入 管理记录	室外温度：_____℃		水量：_____kg/袋		灌浆料批号：
	水温：_____℃		初始流动值：_____mm		备注：
	灌浆时浆体温度：_____℃		30min流动值：_____mm		

（11）操作提交

任务操作完毕后即可点击"提交"按钮进行操作提交，本次操作结束。提交后，系统会自动对本操作任务的工艺操作、施工成本、施工质量、安全操作及工期等智能评价，形成考核记录和评分记录供教师或学生查询。

（12）成绩查询及考核报表导出

登录管理端，即可查询操作成绩，并且可以导出详细操作报表，详细报表包括：总成绩、操作成绩、操作记录、评分记录等，如图 3-29 所示。

图 3-29　成绩查询及考核报表导出

3.1.4　知识拓展

1. 套筒灌浆连接接头性能要求

套筒灌浆接头作为一种钢筋机械接头应满足强度和变形性能要求。

（1）套筒灌浆连接接头强度要求

钢筋套筒灌浆连接接头的屈服强度不应小于连接钢筋屈服强度标准值；抗拉强度不小于连接钢筋抗拉强度标准值，且破坏时要求断于接头外钢筋，即该接头不允许在拉伸时破坏在接头处。

套筒灌浆连接接头在经受规定的高应力和大变形反复拉压循环后，抗拉强度仍应符合以上规定。

套筒灌浆连接接头单向拉伸、高应力反复拉压、大变形反复拉压试验加载过程中，当接头拉力达到连接钢筋抗拉荷载标准值的 1.15 倍而未发生破坏时，应判为抗拉强度合格，可停止试验。

（2）套筒灌浆连接接头变形性能要求

套筒灌浆连接接头的变形性能应符合表 3-7 的规定。当频遇荷载组合下，构件中钢筋应力高于钢筋屈服强度标准值 f_{yk} 的 0.6 倍时，设计单位可对单向拉伸残余变形的加载峰值 μ_0 提出调整要求。

套筒灌浆连接接头的变形性能 表 3-7

项目		变形性能要求
对中单向拉伸	残余变形（mm）	$\mu_0 \leqslant 0.10$（$d \leqslant 32$） $\mu_0 \leqslant 0.14$（$d > 32$）
	最大力下总伸长率（%）	$A_{sgt} \geqslant 6.0$
高应力反复拉压	残余变形（mm）	$\mu_{20} \leqslant 0.3$
大变形反复拉压	残余变形（mm）	$\mu_d \leqslant 0.3$ 且 $\mu_8 \leqslant 0.6$

注：μ_0——接头试件加载至 $0.6f_{yk}$ 并卸载后在规定标距内的残余变形；
　　A_{sgt}——接头试件的最大力下总伸长率；
　　μ_{20}——接头试件按规定加载制度经高应力反复拉压 20 次后的残余变形；
　　μ_d——接头试件按规定加载制度经大变形反复拉压 4 次后的残余变形；
　　μ_8——接头试件按规定加载制度经大变形反复拉压 8 次后的残余变形。

2. 套筒灌浆连接接头设计要求

（1）采用套筒灌浆连接时，混凝土结构设计要符合国家现行标准《混凝土结构设计规范》GB 50010—2010、《建筑抗震设计规范》GB 50011—2010、《装配式混凝土结构技术规程》JGJ 1—2014 的有关规定。

（2）采用套筒灌浆连接的构件混凝土强度等级不宜低于 C30。

（3）采用符合《钢筋套筒灌浆连接应用技术规程》JGJ 355—2015 规定的套筒灌浆连接接头时，全部构件纵向受力钢筋可在同一截面上连接。但全截面受拉构件不宜全部采用套筒灌浆连接接头。

（4）混凝土构件中灌浆套筒的净距不应小于 25mm。

（5）混凝土构件的灌浆套筒长度范围内，预制混凝土柱箍筋的混凝土保护层厚度不应小于 20mm，预制混凝土墙最外层钢筋的混凝土保护层厚度不应小于 15mm。

（6）应用套筒灌浆连接接头时，混凝土构件设计还应符合下列规定：

1）接头连接钢筋的强度等级不应高于灌浆套筒规定的连接钢筋强度等级。

2）接头连接钢筋的直径规格不应大于灌浆套筒规定的连接钢筋直径规格，且不宜小于灌浆套筒规定的连接钢筋直径规格一级以上。

钢筋直径不得大于套筒规定的连接钢筋直径，是因为套筒内锚固钢筋灌浆料可能过薄而锚固性能降低，除非以充分试验证明其接头施工可靠性和连接性能满足设计要求。灌浆连接的钢筋直径规格不应小于其规定的直径规格一级以上，除由于套筒预制端的钢筋是居中的，现场安装时连接的钢筋直径越小，套筒两端钢筋轴线的极限偏心越大，而连接钢筋偏心过大即可能对构件承载带来不利影响，还可能由于套筒内壁距离钢筋较远而对钢筋锚固约束的刚性下降，接头连接强度下降。同样如果有充分的试验验证后，套筒规定的连接钢筋直径范围扩大，套筒两端连接的钢筋直径就可以相差一个直径规格以上。

3）构件配筋方案应根据灌浆套筒外径、长度及灌浆施工要求确定。

4）构件钢筋插入灌浆套筒的锚固长度应符合灌浆套筒参数要求。

5）竖向构件配筋设计应结合灌浆孔、出浆孔位置。

6）底部设置键槽的预制柱，应在键槽处设置排气孔。

3. 套筒灌浆连接接头型式检验

（1）型式检验条件

属于下列情况时，应进行接头型式检验：

1）确定接头性能时；

2）灌浆套筒材料、工艺、结构改动时；

3）灌浆料型号、成分改动时；

4）钢筋强度等级、肋形发生变化时；

5）型式检验报告超过 4 年。

接头型式检验明确要求试件用钢筋、灌浆套筒、灌浆料应符合《钢筋套筒灌浆连接应用技术规程》JGJ 355—2015 对于材料的各项要求。

（2）型式检验试件数量与检验项目

1）对中接头试件 9 个，其中 3 个做单向拉伸试验、3 个做高应力反复拉压试验、3 个做大变形反复拉压试验；

2）偏置接头试件 3 个，做单向拉伸试验；

3）钢筋试件 3 个，做单向拉伸试验；

4）全部试件的钢筋应在同一炉（批）号的 1 根或 2 根钢筋上截取；接头试件钢筋的屈服强度和抗拉强度偏差不宜超过 30MPa。

（3）型式检验灌浆接头试件制作要求

型式检验的套筒灌浆连接接头试件要在检验单位监督下由送检单位制作，且符合以下规定：

1）3 个偏置单向拉伸接头试件应保证一端钢筋插入灌浆套筒中心，一端钢筋偏置后钢筋横肋与套筒壁接触。图 3-30 为偏置单向拉伸接头的钢筋偏置示意图。

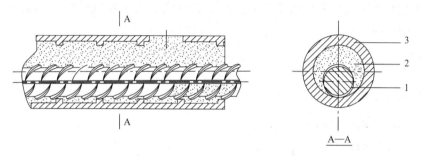

图 3-30　偏置单向拉伸接头的钢筋偏置示意图
1—在套筒内偏置的连接钢筋；2—灌浆料；3—灌浆套筒

9 个对中接头试件的钢筋均应插入灌浆套筒中心。

所有接头试件的钢筋应与灌浆套筒轴线重合或平行，钢筋在灌浆套筒内的插入深度应为灌浆套筒的设计铺固深度。图 3-31 为灌浆接头抗拉试验试件。

2）接头应按《钢筋套筒灌浆连接应用技术规程》JGJ 355—2015 的有关规定进行灌浆；对于半灌浆套筒连接，机械连接端的加工应符合《钢筋机械连接技术规程》JGJ 107—2016 的有关规定。

图 3-31　抗拉试验试件

3）采用灌浆料拌合物制作的 40mm×40mm×160mm 试件不应少于 1 组，并宜留设不少于 2 组。

4）接头试件及灌浆料试件应在标准养护条件下养护。

5）接头试件在试验前不应进行预拉。

灌浆料为水泥基制品，其最终实际抗压强度是在一定范围内的数值，只有型检接头试件的灌浆料实际抗压强度在其设计强度的最低值附近时，接头才能反映出接头性能的最低状态，如果该试件能够达到规定性能，则实际施工中的同样强度的灌浆料连接的接头才能被认为是安全的。《钢筋套筒灌浆连接应用技术规程》JGJ 355—2015 要求型式检验接头试件在试验时，灌浆料抗压强度不应小于 80N/mm²，且不应大于 95N/mm²；如灌浆料 28d

抗压强度的合格指标（f_g）高于 85N/mm^2，试验时的灌浆料抗压强度低于 28d 抗压强度合格指标（f_g）的数值不应大于 5N/mm^2，且超过 28d 抗压强度合格指标（f_g）的数值不大于 10N/mm^2 与 0.1f_g 二者的较大值。

（4）套筒灌浆接头的型式检验试验方法

《钢筋套筒灌浆连接应用技术规程》JGJ 355—2015 对灌浆接头型式检验的试验方法和要求与《钢筋机械连接技术规程》JGJ 107—2016 的有关规定基本相同，但由于灌浆接头的套筒长度大约在 11～17 倍钢筋直径，远远大于其他机械连接接头，进行型式检验的大变形反复拉压试验时，如按照《钢筋机械连接技术规程》JGJ 107—2016 规定的变形量控制，套筒本体几乎没有变形，要依靠套筒外的 4 倍钢筋直径长度的变形达到 10 多倍钢筋直径的变形量对灌浆接头来说过于严苛，经试验研究后将本项试验的变形量计算长度 L_g 进行了适当的折减，其中：

全灌浆套筒连接：
$$L_g = \frac{L}{4} + 4d_s$$

半灌浆套筒连接：
$$L_g = \frac{L}{2} + 4d_s$$

式中　L——灌浆套筒长度；

　　　d_s——钢筋公称直径。

型式检验接头的灌浆料抗压强度符合规定，且型式检验试验结果符合要求时，才可评为合格。

实例 3.2　水平构件灌浆

3.2.1　实例分析

某停车楼项目为装配式立体停车楼，该楼采用全装配式钢筋混凝土剪力墙-梁柱结构体系，预制率 95％以上，抗震设防烈度为 7 度，结构抗震等级三级。该工程地上 4 层，地下 1 层，预制构件共计 3788 块，其中水平构件及竖向构件连接均采用灌浆套筒连接方式。

现在该工程其中一预制梁已完成吊装固定，该项目现场灌浆操作班组技术员赵某需要将该预制梁进行灌浆连接，如图 3-32 所示。

3.2.2　相关知识

1. 水平构件钢筋灌浆套筒连接原理及工艺

（1）水平构件钢筋灌浆套筒连接原理

钢筋灌浆套筒连接是将带肋钢筋插入套筒，向套筒内灌注无收缩或微膨胀的水泥基灌浆料，充满套筒与钢筋之间的间隙，灌浆料硬化后与钢筋的横肋和套筒内壁凹槽或凸肋紧密啮合，即实现两根钢筋连接后所受外力能够有效传递。

图 3-32　水平预制梁
套筒灌浆示意图

套筒灌浆连接水平钢筋时，事先将灌浆套筒安装在一端钢筋上，两端连接钢筋就位后，将套筒从一端钢筋移动到两根钢筋中部，两端钢筋均插入套筒达到规定的深度，再从套筒侧壁通过灌浆孔注入灌浆料，至灌浆料从出浆孔流出，灌浆料充满套筒内壁与钢筋的间隙，灌浆料凝固后即将两根水平钢筋连接在一起。

（2）水平构件钢筋灌浆套筒连接工艺

预制梁在工厂预制加工阶段只预埋连接钢筋。在结构安装阶段，连接预制梁时，套筒套在两构件的连接钢筋上，向每个套筒内灌灌浆料后并静置到浆料硬化，梁的钢筋连接即结束，如图 3-33 所示。

图 3-33　预制梁钢筋
灌浆套筒连接

2. 水平构件灌浆施工要求

（1）水平构件灌浆施工方法

钢筋水平连接时，应采用全灌浆套筒连接，灌浆套筒各自独立灌浆。

水平钢筋套筒灌浆连接，灌浆作业应采用压浆法从灌浆套筒一侧灌浆孔注入，当拌合物在另一侧出浆孔流出时应停止灌浆。套筒灌浆孔、出浆孔应朝上，保证灌满后浆面高于套筒内壁最高点。

（2）预制梁和既有结构改造现浇部分的水平钢筋采用套筒灌浆连接时，施工措施应符合下列规定：

1）连接钢筋的外表面应标记插入灌浆套筒最小锚固长度的标志，标志位置应准确、颜色应清晰；

2）对灌浆套筒与钢筋之间的缝隙应采取防止灌浆时灌浆料拌合物外漏的封堵措施；

3）预制梁的水平连接钢筋轴线偏差不应大于 5mm，超过允许偏差的应予以处理；

4）与既有结构的水平钢筋相连接时，新连接钢筋的端部应设有保证连接钢筋同轴、稳固的装置；

5）灌浆套筒安装就位后，灌浆孔、出浆孔应在套筒水平轴正上方 ±45° 的锥体范围内，并安装有孔口超过灌浆套筒外表面最高位置的连接管或连接头。

（3）灌浆施工异常的处理

水平钢筋连接灌浆施工停止后 30s，如发现灌浆料拌合物下降，应检查灌浆套筒两端的密封或灌浆料拌合物排气情况，并及时补灌或采取其他措施。

补灌应在灌浆料拌合物达到设计规定的位置后停止，并应在灌浆料凝固后再次检查其位置是否符合设计要求。

3.2.3　任务实施

水平构件预制梁的套筒灌浆内容参见竖向构件预制剪力墙的套筒灌浆内容。

3.2.4　知识拓展

预制构件钢筋连接的种类除套筒灌浆连接之外，还有钢筋浆锚连接、直螺纹套筒连接、波纹管连接等。

1. 钢筋浆锚搭接连接施工

（1）基本原理

传统现浇混凝土结构的钢筋搭接一般采用绑扎连接或直接焊接等方式。而装配式结构预制构件之间的连接除了采用钢套筒连接以外，有时也采用钢筋浆锚连接的方式。与钢套筒连接相比钢筋浆锚连接的同样安全可靠、施工方便、成本相对较低。

钢筋浆锚连接的受力机理是将拉结钢筋锚固在带有螺旋筋加固的预留孔内，通过高强度无收缩水泥砂浆的灌浆后实现力的传递。也就是说钢筋中的拉力是通过剪力传递到灌浆料中，再传递到周围的预制混凝土之间的界面中去，也称之为间接锚固或间接搭接。

连接钢筋采用浆锚搭接连接时，可在下层预制构件中设置竖向连接钢筋与上层预制构件内的连接钢筋通过浆锚搭接连接。纵向钢筋采用浆锚搭接连接时，对预留孔成孔工艺、孔道形状和长度、构造要求、灌浆料和被连接的钢筋，应进行力学性能及适用性的试验验证。直径大于 20mm 的钢筋不宜采用浆锚搭接连接，直接承受动力荷载构件的纵向钢筋不应采用浆锚搭接连接。连接钢筋可在预制构件中通常设置，或在预制构件中可靠的锚固。

（2）浆锚灌浆连接施工要点

预制构件主筋采用浆锚灌浆连接的方式，在设计上对抗震等级和高度上有一定的限制。在预制剪力墙体系中预制剪力墙的连接使用较多，预制框架体系中的预制立柱的连接一般不宜采用。图 3-34 和图 3-35 分别给出了钢筋浆锚连接的示意图和预制外墙浆锚灌浆连接示意图。毫无疑问，浆锚灌浆连接节点施工的关键是灌浆材料及施工工艺无收缩水泥灌浆施工质量。

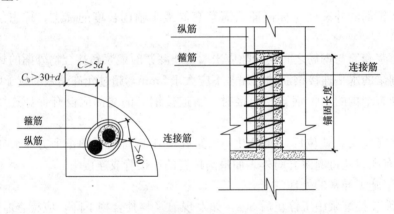

图 3-34　浆锚灌浆连接节点示意图

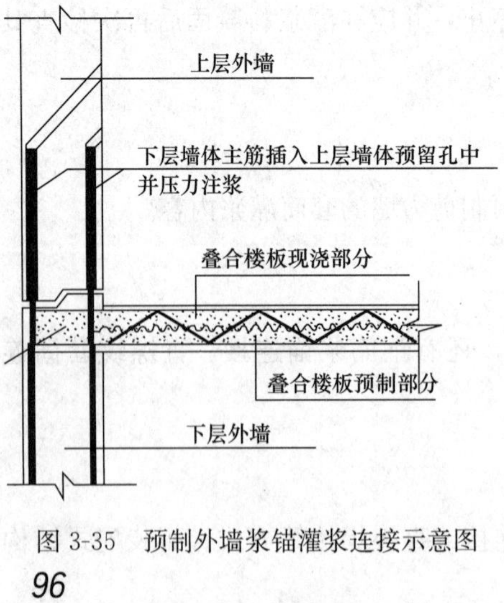

2. 直螺纹套筒连接施工

（1）基本原理

直螺纹套筒连接接头施工其工艺原理是将钢筋待连接部分剥肋后滚压成螺纹，利用连接套筒进行连接，使钢筋丝头与连接套筒连接为一体，从而实现了等强度钢筋连接。直螺纹套筒连接的种类主要有冷镦粗直螺纹、热镦粗直螺纹、直接滚压直螺纹、挤（碾）压肋滚压直螺纹。

（2）一般注意事项

1）技术要求

① 钢筋先调直再下料，切口端面与钢筋轴线垂直，不得有马蹄形或挠曲，不得用气割下料。

图 3-35　预制外墙浆锚灌浆连接示意图

② 钢筋下料时需符合下列规定：

A. 设置在同一个构件内的同一截面受力钢筋的位置应相互错开。在同一截面接头百分率不应超过 50％。

B. 钢筋接头端部距钢筋受弯点不得小于钢筋直径的 10 倍长度。

C. 钢筋连接套筒的混凝土保护层厚度应满足《混凝土结构设计规范》GB 50010—2010 中的相应规定且不得小于 15mm，连接套之间的横向净距不宜小于 25mm。

2）钢筋螺纹加工

① 钢筋端部平头使用钢筋切割机进行切割，不得采用气割。切口断面应与钢筋轴线垂直。

② 按照钢筋规格所需要的调试棒调整好滚丝头内控最小尺寸。

③ 按照钢筋规格更换涨刀环，并按规定丝头加工尺寸调整好剥肋加工尺寸。

④ 调整剥肋挡块及滚轧行程开关位置，保证剥肋及滚轧螺纹长度符合丝头加工尺寸的规定。

⑤ 丝头加工时应用水性润滑液，不得使用油性润滑液。当气温低于 0℃ 时，应掺入 15％～20％亚硝酸钠。严禁使用机油作切割液或不加切割液加工丝头。

⑥ 钢筋丝头加工完毕经检验合格后，应立即带上丝头保护帽或拧上连接套筒，防止装卸钢筋时损坏丝头。

3）钢筋连接

① 连接钢筋时，钢筋规格和连接套筒规格应一致，并确保钢筋和连接套的丝扣干净、完好无损。

② 连接钢筋时应对准轴线将钢筋拧入连接套中。

③ 必须用力矩扳手拧紧接头。力矩扳手的精度为±5％，要求每半年用扭力仪检定一次。力矩扳手不使用时，将其力矩值调整为零，以保证其精度。

④ 连接钢筋时应对正轴线将钢筋拧入连接套中，然后用力矩扳手拧紧。接头拧紧值应满足表 3-8 规定的力矩值，不得超拧，拧紧后的接头应作上标记，防止钢筋接头漏拧。

⑤ 钢筋连接前要根据所连接直径的需要将力矩扳手上的游动标尺刻度调定在相应的位置上。即按规定的力矩值，使力矩扳手钢筋轴线均匀加力。当听到力矩扳手发出"咔嗒"声响时即停止加力（否则会损坏扳手）。

⑥ 连接水平钢筋时必须依次连接，从一头到另一头，不得从两边往中间连接，连接时两人应面对站立，一人用扳手卡住已连接好的钢筋，另一人用力矩扳手拧紧待连接钢筋，按规定的力矩值进行连接，这样可避免弄坏已连接好的钢筋接头。

⑦ 使用扳手对钢筋接头拧紧时，只要达到力矩扳手调定的力矩值即可，拧紧后按表 3-8规定力矩值检查。

滚轧直螺纹钢筋接头拧紧力矩值 　　　　　　　　表 3-8

钢筋直径（mm）	<16	18～20	22～25	28～32
拧紧力矩值（N·m）	100	200	260	320

⑧ 接头拼接完成后，应使两个丝头在套筒中央位置相互顶紧，套筒的两端不得有一扣以上的完整丝扣外露，加长型接头的外露扣数不受限制，但有明显标记，以检查进入套

筒的丝头长度是否满足要求。

4）材料与机械设备

① 材料准备

钢套筒应具有出厂合格证。套筒的力学性能必须符合规定。表面不得有裂纹、折叠等缺陷。套筒在运输、储存中，应按不同规格分别堆放，不得露天堆放，防止锈蚀和沾污。

钢筋必须符合国家标准设计要求，还应由产品合格证、出厂检验报告和进场复验报告。

② 施工机具

钢筋直螺纹剥肋滚丝机、力矩扳手、牙型规、卡规、直螺纹塞规。

3. 波纹管连接施工

波纹管浆锚搭接法技术原理为：在竖向应用的预制混凝土构件中，首先在构件下端部预埋连接钢筋外绑设一条大口径金属波纹管，金属波纹管贴紧预埋连接钢筋并延伸到构件下端面形成一个波纹管孔洞，波纹管另一端向上从预制构件侧壁引出，预制构件浇筑成型后每根连接钢筋旁都形成一根波纹管形成的预留孔。构件在现场安装时，将另一构件的连接钢筋全部插入该构件上对应的波纹管内后，从波纹管上方孔注入高强灌浆料，灌浆料充满波纹管与连接钢筋的间隙，灌浆料凝固后即形成一个钢筋搭接锚固接头，实现两个构件之间的钢筋连接。图 3-36 为金属波纹管连接示意图。

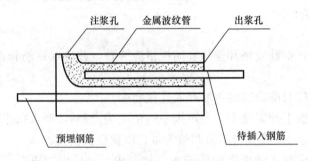

图 3-36　金属波纹管连接示意

小结

通过本部分的学习，要求学生掌握以下内容：

1. 竖向构件及水平构件钢筋灌浆套筒连接原理及工艺。
2. 钢筋套筒灌浆材料性能、检测方法及使用要求。
3. 常用钢筋套筒灌浆设备及工具的介绍。
4. 竖向构件及水平构件灌浆施工工艺及要求。
5. 预制混凝土剪力墙外墙和预制梁构件的灌浆方法及步骤。
6. 钢筋套筒灌浆连接接头性能、设计要求及型式检验。
7. 预制构件钢筋的其他连接方法。

习题

1. 简述竖向构件钢筋灌浆套筒连接原理及工艺。

2. 钢筋套筒连接接头由哪几个部分组成？

3. 灌浆套筒按照加工方式可以分为哪两种？按结构形式可以分为哪两种？适用于哪些结构构件？

4. 简述灌浆料流动度的试验步骤。

5. 灌浆料制备时，如果加水过多对灌浆质量会有哪些影响？

6. 常用的灌浆设备有哪些？

7. 简述竖向构件及水平构件的灌浆施工方法？

8. 阐述灌浆施工异常的处置。

9. 描述预制混凝土剪力墙外墙的灌浆作业步骤。

10. 描述预制梁构件的灌浆作业步骤。

任务 4 现浇构件连接

实例 4.1 竖向构件现浇连接

4.1.1 实例分析

某停车楼项目为装配式立体停车楼，该楼采用全装配式钢筋混凝土剪力墙-梁柱结构体系，预制率 95% 以上，抗震设防烈度为 7 度，结构抗震等级三级。该工程地上 4 层，地下 1 层，预制构件共计 3788 块，其中水平构件及竖向构件连接均采用灌浆套筒连接方式。

该项目技术员赵某现需要结合任务 3 中所吊装完成的竖向构件完成现浇部分构件连接任务，其竖向构件墙板如图 4-1 所示。

图 4-1 竖向构件墙板安装示意图

4.1.2 相关知识

1. 装配整体式混凝土结构后浇混凝土模板及支撑要求

（1）装配整体式混凝土结构的模板与支撑应根据施工过程中的各种工况进行设计，应具有足够的承载力、刚度，并应保证其整体稳固性。

装配整体式混凝土结构的模板与支撑应根据工程结构形式、预制构件类型、荷载大小、施工设备和材料供应等条件确定，此处所要求的各种工况应由施工单位根据工程具体情况确定，以确保模板与支撑稳固可靠。

（2）模板与支撑安装应保证工程结构的构件各部分形状、尺寸和位置的准确，模板安装应牢固、严密、不漏浆，且应便于钢筋敷设和混凝土浇筑、养护。

（3）预制构件接缝处宜采用与预制构件可靠连接的定型模板。定型模板与预制构件之间应粘贴密封条，在混凝土浇筑时节点处模板不应产生明显变形和漏浆。

预制构件宜预留与模板连接用的孔洞、螺栓，预留位置应与模板模数相协调并便于模板安装。预制墙板现浇节点区的模板支设是施工的重点，为了保证节点区模板支设的可靠性，通常采用在预制构件上预留螺母、孔洞等连接方式，施工单位应根据节点区选用的模板形式，使构件预埋与模板固定相协调。

（4）模板宜采用水性脱模剂。脱模剂应能有效减小混凝土与模板间的吸附力，并应有一定的成模强度，且不应影响脱模后混凝土表面的后期装饰。

（5）模板与支撑安装

1）安装预制墙板、预制柱等竖向构件时，应采用可调斜支撑临时固定；斜支撑的位置应避免与模板支架、相邻支撑冲突。

2）夹心保温外墙板竖缝采用后浇混凝土连接时，宜采用工具式定型模板支撑，并应符合下列规定：

① 定型模板应通过螺栓或预留孔洞拉结的方式与预制构件可靠连接；

② 定型模板安装应避免遮挡预墙板下部灌浆预留孔洞；

③ 夹心墙板的外叶板应采用螺栓拉结或夹板等加强固定；

④ 墙板接缝部位及与定型模板连接处均应采取可靠的密封防漏浆措施；

⑤ 对夹心保温外墙板拼接竖缝节点后浇混凝土采用定型模板作了规定（图 4-2），通过在模板与预制构件、预制构件与预制构件之间采取可靠的密封防漏措施，达到后浇混凝土与预制混凝土相接表面平整度符合验收要求。

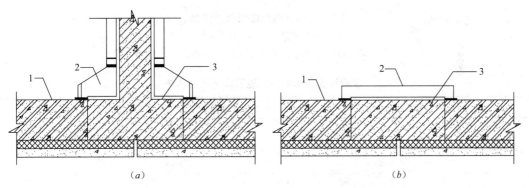

图 4-2 夹心保温外墙板拼接竖缝示意图

（a）"T"形节点；（b）"一"形节点

1—夹心保温外墙板；2—定型模板；3—后浇混凝土

3）采用预制保温作为免拆除外墙模板进行支模时，预制外墙模板的尺寸参数及与相邻外墙板之间拼缝宽度应符合设计要求。安装时与内侧模板或相邻构件应连接牢固并采取可靠的密封防漏浆措施。预制梁柱节点区域后浇筑混凝土部分采用定型模板支模时，宜采用螺栓与预制构件可靠连接固定，模板与预制构件之间应采取可靠的密封防漏浆措施。

当采用预制外墙模板时（图 4-3），应符合建筑与结构设计的要求，以保证预制外墙板符合外墙装饰要求并在使用过程中结构安全可靠。预制外墙模板与相邻预制构件安装定位后，为防止浇筑混凝土时漏浆，需要采取有效的密封措施。

（6）模板与支撑拆除

1）模板拆除时，应按照先拆非承重模板、后拆承重模板的顺序。水平结构模板应由跨中向两端拆除，竖向结构模板应自上而下进行拆除；多个楼层间连续支模的底层支架拆除时间，应根据连续支模的楼层间荷载分配和后浇混凝土强度的增长情况确定；当后浇混凝土强度能保证构件表面及棱角不受损伤时，方可拆除侧模模板。

2）叠合构件的后浇混凝土同条件立方体抗压强度达到设计要求时，方可拆除龙骨及下一层支撑；当设计无具体要求时，同条件养护的后浇混凝土立方体试件抗压强度应符合表 4-1 的规定。

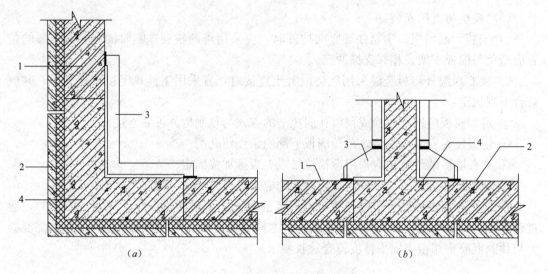

图 4-3　预制外墙板模板拼接竖缝节点

(a)"L"形节点；(b)"T"形节点

1—夹心保温外墙板；2—预制外墙模板；3—定型模板；4—后浇混凝土

模板与支撑拆除时后浇混凝土强度要求　　　　　　　　表 4-1

构件类型	构件跨度（m）	达到设计混凝土强度等级值的百分率（%）
板	≤2	≥50
	>2，≤8	≥75
	>8	≥100
梁	≤8	≥75
	>8	≥100
悬臂构件		≥100

注：受弯类叠合构件的施工要考虑两阶段受力的特点，支撑的拆除时间需要考虑现浇混凝土同条件立方体抗压强度，施工时要采取措施满足设计要求。

3）预制墙板斜支撑和限位装置应在连接节点和连接接缝部位后浇混凝土或灌浆料强度达到设计要求后拆除；当设计无具体要求时，后浇混凝土或灌浆料应达到设计强度的75%以上方可拆除。

4）预制柱斜支撑应在预制柱与连接节点部位后浇混凝土或灌浆料强度达到设计要求且上部构件吊装完成后进行拆除。

5）拆除的模板和支撑应分散堆放并及时清运，应采取措施避免施工集中堆载。

2. 装配整体式混凝土结构后浇混凝土的钢筋要求

（1）钢筋连接

1）预制构件的钢筋连接可选用钢筋套筒灌浆连接接头。采用直螺纹钢筋灌浆套筒时，钢筋的直螺纹连接部分应符合现行行业标准《钢筋机械连接技术规程》JGJ 107—2016 的规定；钢筋套筒灌浆连接部分应符合设计要求及建筑工业行业标准《钢筋连接用灌浆套筒》JG/T 398—2012 和《钢筋套筒连接用灌浆料》JG/T 408—2013 的规定。

2）钢筋连接如果采用钢筋焊接连接，接头应符合现行行业标准《钢筋焊接及验收规程》JGJ 18—2012 的有关规定；如果采用钢筋机械连接接头应符合现行行业标准《钢筋机械连接技术规程》JGJ 107—2016 的有关规定，机械连接接头部位的混凝土保护层厚度宜符合现行国家标准《混凝土结构设计规范》GB 50010—2010 中受力钢筋的混凝土保护层最小厚度的规定，且不得小于 15mm；接头之间的横向净距不宜小于 25mm；当钢筋采用弯钩或机械锚固措施时，钢筋锚固端的锚固长度应符合现行国家标准《混凝土结构设计规范》GB 50010—2010 的有关规定；采用钢筋锚固板时，应符合现行行业标准《钢筋锚固板应用技术规程》JGJ 256—2011 的有关规定。

（2）钢筋定位

1）装配整体式混凝土结构后浇混凝土内的连接钢筋应埋设准确，连接与锚固方式应符合设计和现行有关技术标准的规定。

2）构件连接处钢筋位置应符合设计要求。当设计无具体要求时，应保证主要受力构件和构件中主要受力方向的钢筋位置，并应符合下列规定：①框架节点处，梁纵向受力钢筋宜置于柱纵向钢筋内侧；②当主次梁底部标高相同时，次梁下部钢筋应放在主梁下部钢筋之上；③剪力墙中水平分布钢筋宜置于竖向钢筋外侧，并在墙端弯折锚固。

3）钢筋套筒灌浆连接接头的预留钢筋应采用专用模具进行定位；并应符合下列规定：①定位钢筋中心位置存在细微偏差时，宜采用钢套管方式进行细微调整；②定位钢筋中心位置存在严重偏差影响预制构件安装时，应按设计单位确认的技术方案处理；应采用可靠的绑扎固定措施对连接钢筋的外露长度进行控制。

预留钢筋定位精度对预制构件的安装有重要影响，因此对预埋于现浇混凝土内的预留钢筋采用专用定型钢模具对其中心位置进行控制，采用可靠的绑扎固定措施对连接钢筋的外露长度进行控制。

4）预制构件的外露钢筋应防止弯曲变形，并在预制构件吊装完成后，对其位置进行校核与调整。

3. 装配整体式混凝土结构后浇混凝土要求

（1）装配整体式混凝土结构施工应采用预拌混凝土。预拌混凝土应符合现行相关标准的规定。

（2）装配整体式混凝土结构施工中的结合部位或接缝处混凝土的工作性应符合设计施工规定；当采用自密实混凝土时，应符合现行相关标准的规定。

浇筑混凝土过程中应按规定见证取样留置混凝土试件。同一配合比的混凝土，每工作班且建筑面积不超过 1000m² 应制作一组标准养护试件，同一楼层应制作不少于 3 组标准养护试件。

（3）装配整体式混凝土结构工程在浇筑混凝土前应进行隐蔽项目的现场检查与验收。

（4）连接接缝混凝土应连续浇筑，竖向连接接缝可逐层浇筑，混凝土分层浇筑高度应符合现行规范要求；浇筑时应采取保证混凝土浇筑密实的措施；同一连接接缝的混凝土应连续浇筑，并应在底层混凝土初凝之前将上一层混凝土浇筑完毕；预制构件连接节点和连接接缝部位的混凝土应加密振捣点，并适当延长振捣时间；预制构件连接处混凝土浇筑和振捣时，应对模板和支架进行观察和维护，发生异常情况应及时进行处理；构件接缝混凝土浇筑和振捣时应采取措施防止模板、相连接构件、钢筋、预埋件及其定位件的移位。

（5）混凝土浇筑完毕后，应按施工技术方案要求及时采取有效的养护措施，并应符合下列规定：

1）应在浇筑完毕后的 12h 以内对混凝土加以覆盖并养护；

2）浇水次数应能保持混凝土处于湿润状态；

3）采用塑料薄膜覆盖养护的混凝土，其敞露的全部表面应覆盖严密，并应保持塑料薄膜内有凝结水；

4）叠合层及构件连接处后浇混凝土的养护时间不应少于 14d；

5）混凝土强度达到 1.2MPa 前，不得在其上踩踏或安装模板及支架。

叠合层及构件连接处混凝土浇筑完成后，可采取洒水、覆膜、喷涂养护剂等养护方式，为保证后浇混凝土的质量，规定养护时间不应少于 14d。

（6）混凝土冬期施工应按现行规范《混凝土结构工程施工规范》GB 50666—2011、《建筑工程冬期施工规程》JGJ/T 104—2011 的相关规定执行。

4. 预制剪力墙的现浇连接施工

（1）后浇带节点构造要求

预制剪力墙的顶面、底面和两侧面应处理为粗糙面或者制作键槽，与预制剪力墙连接的圈梁上表面也应处理为粗糙面，如图 4-4 所示。粗糙面露出的混凝土粗骨料不宜小于其最大粒径的 1/3，且粗糙面凹凸不应小于 6mm。根据《装配式混凝土结构技术规程》JGJ 1—2014 规范，对高层预制装配式墙体结构，楼层内相邻预制剪力墙的连接应符合下列规定：

图 4-4　预制构件表面键槽和粗糙面处理示意图

图 4-5　边缘构件连接示意图

1）边缘构件应现浇，现浇段内按照现浇混凝土结构的要求设置箍筋和纵筋。如图 4-5～图 4-7 所示，预制剪力墙的水平钢筋应在现浇段内锚固，或与现浇段内水平钢筋焊接或搭接连接。

2）上下剪力墙板之间，先在下墙板和叠合板上部浇筑圈梁连续带后，坐浆安装上部墙板，套筒灌浆或浆锚搭接进行连接，如图 4-8 所示。

3）剪力墙板底部若局部套筒未对准时可使用倒链将墙板手动微调，对孔。底部没有灌浆套筒的外填充墙板可直接顺着角码缓缓放

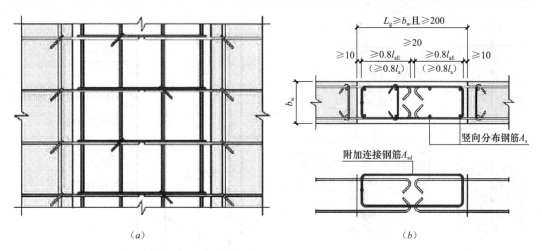

图 4-6　预制墙间的竖向接缝构造

(a) 立面图；(b) 平面图

注：附加封闭连接钢筋与预留弯钩钢筋连接

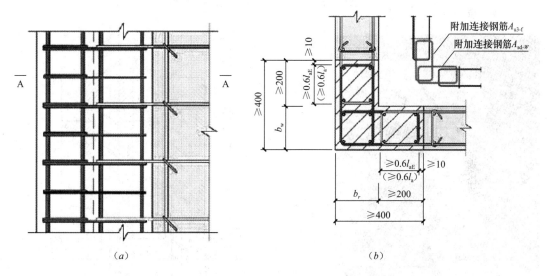

图 4-7　预制墙在转角墙处的竖向接缝构造（构造边缘转角墙）

(a) 立面图；(b) 平面图

下墙板。垫板造成的空隙可用坐浆方式填补（也可后填砂浆，但要密实）。为防止坐浆料填充到外叶板之间，在保温层上方采用橡胶止水条堵塞缝隙（图 4-9），预埋套筒一侧钢筋直螺纹连接后预埋在预制墙板底部，另一侧的钢筋预埋在下层预制墙板的顶部，墙板安装时，墙顶部钢筋插入上层墙底部的套筒内。根据现场情况，拟采用高强砂浆对墙体根部周围缝隙进行密封，确保注浆料不从缝隙中溢出，待封堵砂浆凝固后，然后对连接套筒通过灌浆孔进行灌浆处理，完成上下墙板内钢筋的连接。复核墙体的水平位置和标高、垂直度，相邻墙体的尺寸等，确保无误后向墙板内的钢筋连接套筒预留注浆孔内灌注高压浆，待发现出浆孔溢出浆料，结束灌浆，依次连续注浆完毕，如图 4-10 所示。

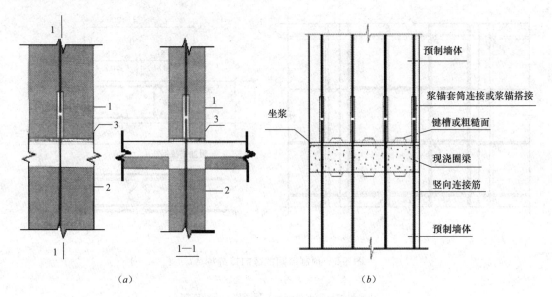

图 4-8　预制剪力墙板上下节点连接

1—钢筋套筒灌浆连接；2—连接钢筋；3—坐浆层

图 4-9　预制墙板底部连接

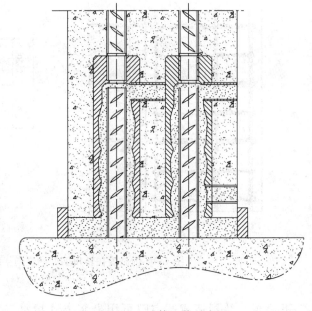

图 4-10　墙体注浆示意图

（2）后浇带施工

装配整体式混凝土结构竖向构件安装完成后应及时穿插进行边缘构件后浇带的钢筋和模板施工，并完成后浇混凝土施工。图 4-11 所示为安装完成后等待后浇混凝土的预制墙板。

1）钢筋施工

预制墙板连接部位宜先校正水平连接钢筋，后安装箍筋套，待墙体竖向钢筋连接完成后，绑扎箍筋，连接部位加密区的箍筋宜采用封闭箍筋；装配整体式混凝土结构后浇混凝土节点间的钢筋施工除满足本任务前面的相关规定外，还需要注意以下问题：

（a）　　　　　　　　　　　　　（b）

图 4-11　安装完成后等待后浇混凝土的预制墙板

（a）立体示意图；（b）待浇节点详图

① 后浇混凝土节点间的钢筋安装做法受操作顺序和空间的限制与常规做法有很大的不同，必须在符合相关规范要求的同时顺应装配整体式混凝土结构的要求。

② 装配混凝土结构预制墙板间竖缝（墙板间混凝土后浇带）的钢筋安装做法按《装配式混凝土结构技术规程》JGJ 1—2014 的要求"……约束边缘构件……宜全部采用后浇混凝土，并且应在后浇段内设置封闭箍筋。"如图 4-6、图 4-7 所示。

按国标图集 15G310-1～2《装配式混凝土结构连接节点构造》中预制墙板间构件竖缝有加附加连接钢筋的做法，如果竖向分布钢筋按搭接做法预留，封闭箍筋或附加连接（也是封闭）钢筋均无法安装，只能用开口箍筋代替，如图 4-12 所示。

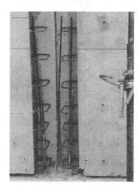

图 4-12　竖缝钢筋需另加箍筋

2）模板安装

墙板间混凝土后浇带连接宜采用工具式定型模板支撑，除应满足本任务前面的相关规定外，还应符合下列规定：定型模板应通过螺栓（预置内螺母）或预留孔洞拉结的方式与预制构件可靠连接；定型模板安装应避免遮挡预制墙板下部灌浆预留孔洞；夹心墙板的外叶板应采用螺栓拉结或夹板等加强固定；墙板接缝部位及与定型模板连接处均应采取可靠的密封防漏浆措施，如图 4-13 所示。

采用预制保温作为免拆除外墙模板（PCF）进行支模时，预制外墙模板的尺寸参数及与相邻外墙板之间拼缝宽度应符合设计要求。安装时与内侧模板或相邻构件应连接牢固并采取可靠的密封防漏浆措施，如图 4-14 所示。

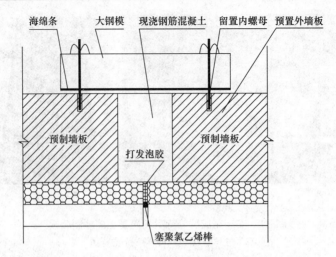

图 4-13 "一"字形墙板间混凝土后浇带模板支设图

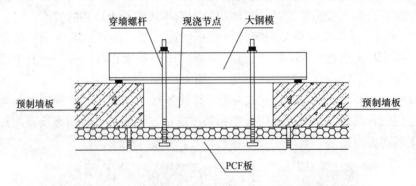

图 4-14 "一"字形后浇混凝土节点采用 PCF 模板支设图

3）后浇带混凝土施工

后浇带混凝土的浇筑与养护参照本任务前面的相关规定执行。

对预制墙板斜支撑和限位装置，应在连接节点和连接接缝部位后浇混凝土或灌浆料强度达到设计要求后拆除；当设计无具体要求时，后浇混凝土或灌浆料应达到设计强度的75％以上方可拆除。模板与支撑拆除时的后浇混凝土强度要求见表 4-1。

（3）预制内填充墙连接接缝处理

1）挤压成型墙板板间拼缝宽度为（5±2）mm。板必须用专用粘结剂和嵌缝带处理。粘接剂应挤实、粘牢，嵌缝带用嵌缝剂粘牢刮平，如图 4-15 所示。

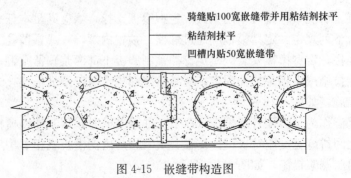

图 4-15 嵌缝带构造图

2）预制内墙板与楼面连接处理

墙板安装经检验合格 24h 内，用细石混凝土（高度＞30mm）或 1∶2 干硬性水泥砂浆（高度≤30mm）将板的底部填塞密实，底部填塞完成 7d 后，撤出木楔并用 1∶2 干硬性水泥砂浆填实木楔孔，如图 4-16 所示。

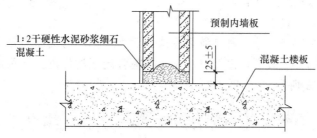

图 4-16 预制内墙与楼面连接节点

3）门头板与结构顶板连接拼缝处理

施工前 30 分钟开始清理阴角基面，涂刷专用界面剂，在接缝阴角满刮一层专用粘结剂，厚度约为 3～5mm，并粘贴第一道 50mm 宽的嵌缝带；用抹子将嵌缝带压入粘结剂中，并用粘结剂将凹槽抹平墙面；嵌缝带宜埋于距粘结剂完成面约三分之一位置处并不得外露，如图 4-17 所示。

4）门头板与门框板水平连接拼缝处理

在墙板与结构板底夹角两侧 100mm 范围内满刮粘结剂，用抹子将嵌缝带压入粘结剂中抹平。门头板拼缝处开裂概率较高，施工时应注意粘结剂的饱满度，并将门头板与门框板顶实，在板缝粘接材料和填缝材料未达到强度之前，应避免使门框板受到较大的撞击，如图 4-18 所示。

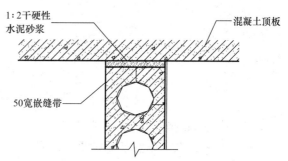

图 4-17 门头板与混凝土顶板连接节点

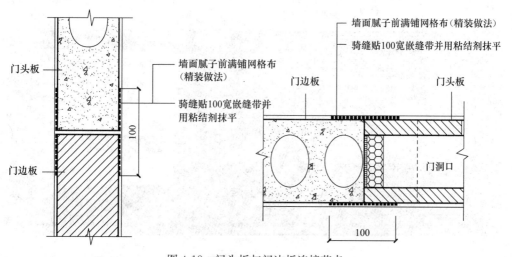

图 4-18 门头板与门边板连接节点

4.1.3　任务实施

现浇连接模块是装配式建筑虚拟仿真实训软件的重要模块之一，其主要工序为施工前准备、钢筋制作（竖筋、箍筋）、钢筋绑扎、模板支设、混凝土现浇等。具体仿真操作如下：

4-1　竖向构件现浇施工

（1）练习与考核计划下达

计划下达分两种情况，第一种：练习模式下学生根据学习需求自定义下达计划。第二种：考核模式下教师根据教学计划及检查学生掌握情况下达计划并分配给指定学生进行训练或考核，如图 4-19 所示。

图 4-19　教师计划下达

（2）登录系统查询操作计划

输入用户名及密码登录，如图 4-20 所示。

图 4-20　系统登录

（3）任务查询

学生登录系统后查询施工任务，根据任务列表，明确任务内容，如图 4-21 所示。

图 4-21　任务查询

（4）施工前准备

工作开始前首先进行施工前准备，包括：着装检查和杂物清理及施工前注意事项了解等，本次操作任务为竖向构件的连接，如图 4-22 所示。

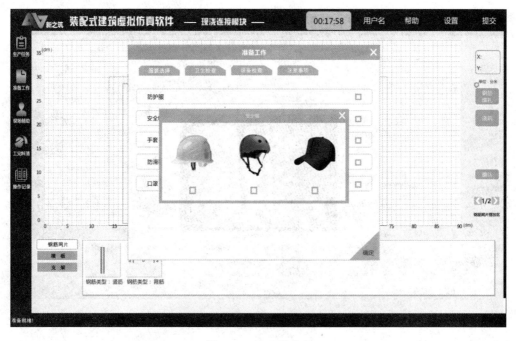

图 4-22　施工前准备

（5）钢筋制作

根据施工需求，制作施工所需钢筋，钢筋制作包括钢筋型号、类型、尺寸等。

（6）钢筋绑扎

操作控制端的二维界面将制作的钢筋进行对应位置的拖放及绑扎，包括竖筋和箍筋的绑扎，如图 4-23、图 4-24 所示。

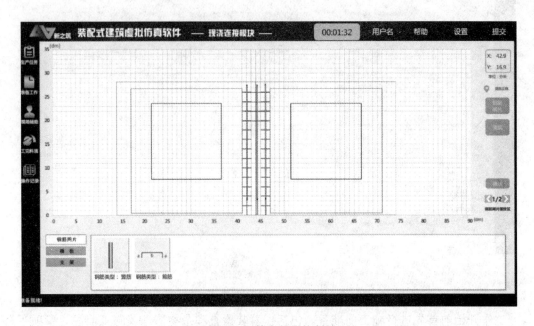

图 4-23　钢筋绑扎（控制端）

图 4-24　钢筋绑扎（虚拟端）

（7）模板支设

待钢筋绑扎完毕经过检查后，开始进行模板安装，操作过程中通过二维控制端拖动至现浇边缘，并通过操作支架进行固定，三维虚拟场景展示操作过程。现浇边缘部位模板宜采用配制好的整体定型钢模或木模，以利于快速安拆。安装时保证现浇部位的表面质量及与预制墙板的接茬质量。木模高度要与预制墙板上口标高平齐，确保浇筑混凝土要求，如图 4-25、图 4-26 所示。

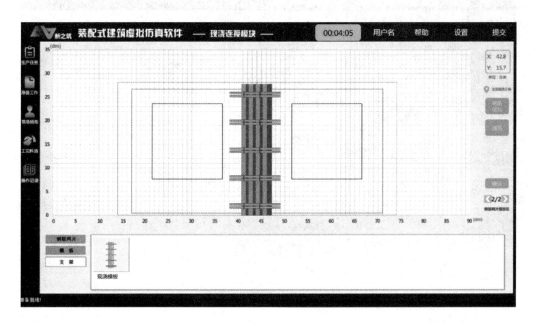

图 4-25　模板支设（控制端）

图 4-26　模板支设（虚拟端）

（8）混凝土现浇

混凝土浇筑前，清理预制墙体构件内部空腔，并对墙板内用水表面充分湿润。准备工作完毕后，即可进行混凝土现浇，凝土强度等级应符合设计要求，当墙体厚度小于 250mm 时，墙体内现浇混凝土需采用细石自密实混凝土施工，同时掺入膨胀剂。浇筑时保持水平向上分层连续浇筑，浇筑高度每小时不应超过 800mm，确保墙板的刚度，如图 4-27 所示。

图 4-27　混凝土浇筑

（9）操作提交

任务操作完毕后即可点击"提交"按钮进行操作提交，本次现浇操作结束。提交后，系统会自动对本操作任务的工艺操作、施工成本、施工质量、安全操作及工期等智能评价，形成考核记录和评分记录供教师或学生查询。

（10）成绩查询及考核报表导出

登录管理端，即可查询操作成绩，并且可以导出详细操作报表，详细报表包括：总成绩、操作成绩、操作记录、评分记录等，如图 4-28 所示。

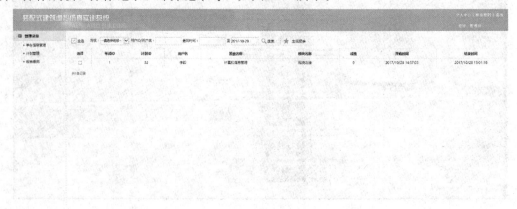

图 4-28　成绩查询及考核报表导出

4.1.4　知识拓展

1. 预制柱连接构造及施工要求

预制梁柱节点区的钢筋安装时，节点区柱箍筋应预先安装于预制柱钢筋上，随预制柱一同安装就位，预制混凝土柱连接节点通常为湿式连接，如图 4-29 所示。

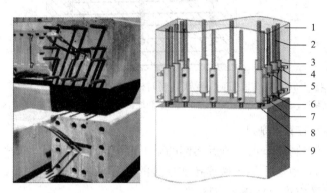

图 4-29　采用灌浆套筒湿式连接的预制柱

1—柱上端；2—螺纹端钢筋；3—水泥灌浆直螺纹连接套筒；4—出浆孔接头；
5—PVC 管；6—灌浆孔接头；7—PVC 管；8—灌浆端钢筋；9—柱下端

（1）预制柱的现浇连接钢筋施工

预制柱底接缝宜设置在楼面标高处（图 4-30），后浇节点区混凝土上表面应设置粗糙面，柱纵向受力钢筋应贯穿后浇节点区。柱底接缝厚度宜为 20mm，并采用灌浆料填实。上下预制柱采用钢筋套筒连接时，在套筒长度≥50cm 的范围内，在原设计箍筋间距的基础上加密箍筋，如图 4-31 所示。

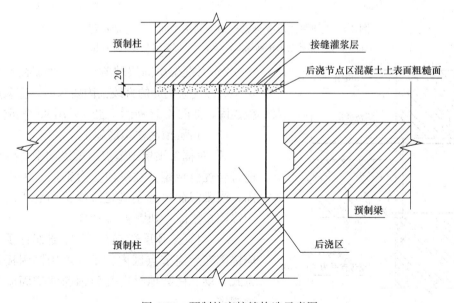

图 4-30　预制柱底接缝构造示意图

115

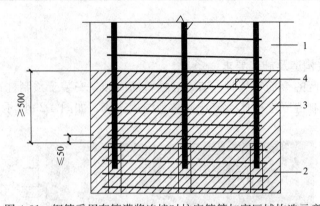

图 4-31　钢筋采用套筒灌浆连接时柱底箍筋加密区域构造示意

1—预制柱；2—套筒灌浆连接接头；3—箍筋加密区（阴影区域）；4—加密区箍筋

（2）中间层预制柱钢筋施工

1）对于中间层预制柱节点，节点两侧的梁下部纵向受力钢筋宜锚固在后浇节点区内，如图 4-32（a）所示，也可采用机械连接或焊接的方式直接连接，如图 4-32（b）所示；梁的上部纵向受力钢筋应贯穿后浇节点区。

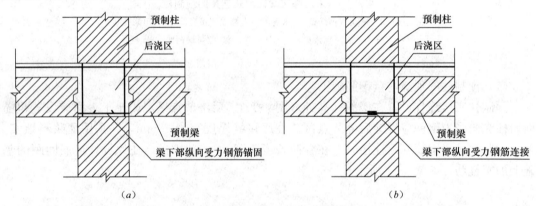

图 4-32　预制柱及叠合梁框架中间层中间节点构造示意

（a）梁下部纵向受力钢筋锚固；（b）梁下部纵向受力钢筋连接

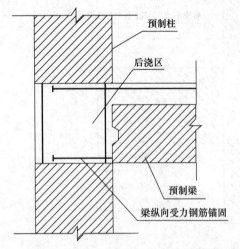

图 4-33　预制柱及叠合梁中间层端节点锚固

2）对框架中间层端节点，当柱截面尺寸不满足梁纵向受力钢筋的直线锚固要求时，应采用锚固板锚固，如图 4-33 所示，也可采用 90°弯折锚固。

（3）顶层预制柱钢筋施工

1）对框架顶层中节点，梁纵向受力钢筋的构造符合规范规定。柱纵向受力钢筋宜采用直线锚固；当梁截面尺寸不满足直线锚固要求时，宜采用锚固板锚固，如图 4-34 所示。

2）对框架顶层端节点，梁下部纵向受力钢筋应锚固在后浇节点区内，且宜采用锚固板的锚固方式。梁、柱其他纵向受力钢筋的锚固应符合下列规定：

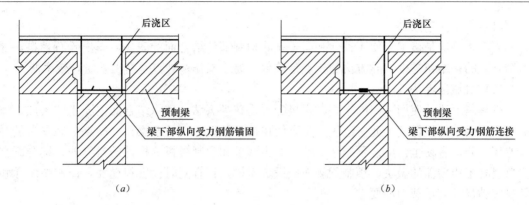

图 4-34　预制柱及叠合梁顶层中节点构造示意

(a) 梁下部纵向受力钢筋锚固；(b) 梁下部纵向受力钢筋连接

　　柱宜伸出屋面并将柱纵向受力钢筋锚固在伸出段内，如图 4-35 (a) 所示，伸出段长度不宜小于 500mm，伸出段内箍筋间距不应大于 5d（d 为柱纵向受力钢筋直径），且不应大于 100mm；柱纵向受力钢筋宜采用锚固板锚固，锚固长度不应小于 40d；梁上部纵向受力钢筋宜采用锚固板锚固。柱外侧纵向受力钢筋也可与梁上部纵向受力钢筋在后浇节点区搭接，如图 4-35 (b) 所示，其构造要求应符合现行国家标准《混凝土结构设计规范》GB 50010—2010 中的规定。柱内侧纵向受力钢筋宜采用锚固板锚固。

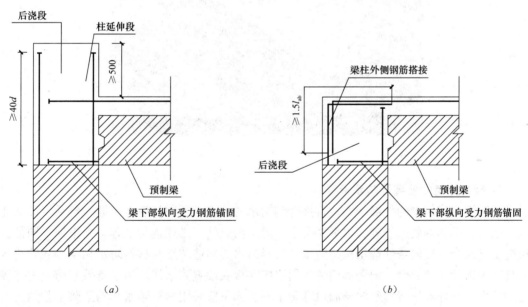

图 4-35　预制柱及叠合梁顶层边节点构造示意

(a) 柱向上伸长；(b) 梁柱外侧钢筋搭接

2. 后浇混凝土预制件的表面处理

　　混凝土连接主要是预制构件与后浇混凝土的连接。为加强预制构件与后浇混凝土间的连接，预制构件与后浇混凝土的结合面要设置相应粗糙面和抗剪键槽。粗糙面处理即通过外力使预制构件与后浇混凝土结合处变得粗糙，露出碎石等骨料。通常有人工凿毛法、机械凿毛法、缓凝水冲法三种方法。

（1）人工凿毛法

人工凿毛法是指工人使用铁锤和凿子剔除预制部件结合面的表皮，露出碎石骨料，增加结合面的粘结粗糙度。此方法的优点是简单、易于操作；缺点是费工费时，效率低。

（2）机械凿毛法

机械凿毛法是使用专门的小型凿岩机配置梅花平头钻，剔除结合面混凝土的表皮，增加结合面的粘结粗糙度。此方法优点是方便快捷，机械小巧易于操作；缺点是操作人员的作业环境差，有粉尘污染。预制柱、预制剪力墙板和预制楼板等构件的接缝处，结合面宜优选混凝土粗糙面的做法；预制梁侧面应设置键槽，且宜同时设置粗糙面，键槽的尺寸和数量应满足受剪承载力的要求。

（3）缓凝水冲法

缓凝水冲法是混凝土结合面粗糙度处理的一种新工艺，是指在构件混凝土浇筑前，将含有缓凝剂的浆液涂刷在模板壁上；浇筑混凝土后，利用已浸润缓凝剂的表面混凝土与内部混凝土的缓凝时间差，用高压水冲洗未凝固的表层混凝土，冲掉表面浮浆，显露出骨料，形成粗糙的表面，如图 4-36 所示，此法具有成本低、效果佳、功效高且易于操作的优点，应用广泛。

图 4-36　缓凝水冲法效果图

3. 预制外墙的接缝及防水设置

外墙板为建筑物的外部结构，直接受到雨水的冲刷，预制外墙板接缝（包括屋面女儿墙、阳台、勒脚等处的竖缝、水平缝及十字缝与窗口处）必须进行处理，并根据不同部位接缝特点及当地气候条件选用构造防水、材料防水或构造防水与材料防水相结合的防排水系统。挑出外墙的阳台、雨篷等构件的周边应在板底设置滴水线。为了有效地防止外墙渗漏的发生，在外墙板接缝及门窗洞口等防水薄弱部位宜采用材料防水和构造防水相结合的做法。

（1）材料防水

预制外墙板接缝采用材料防水时，必须用防水性能可靠的嵌缝材料。板缝宽度不宜大于 20mm，材料防水的嵌缝深度不得小于 20mm。对于普通嵌缝材料，在嵌缝材料外侧应勾水泥砂浆保护层，其厚度不得小于 15mm。对于高档嵌缝材料，其外侧可不做保护层。

1）多层建筑预制外墙板接缝常采用的防水构造做法如图 4-37 所示。

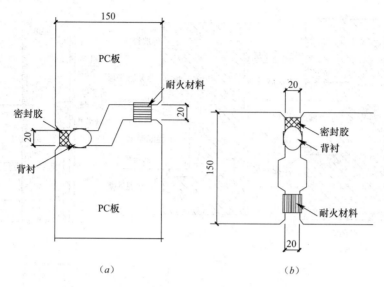

图 4-37　多层外墙板防水构造
(a) 水平缝；(b) 垂直缝

2) 高层建筑、多雨地区的预制外墙板接缝防水宜采用两道密封防水构造的做法，即在外部密封胶防水的基础上，增设一道发泡氯丁橡胶密封防水构造，如图 4-38 所示。

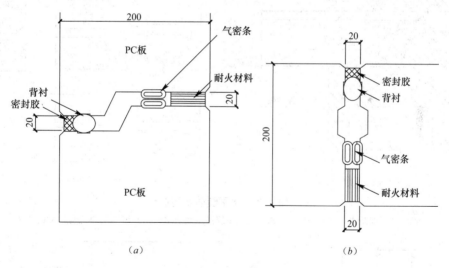

图 4-38　高层外墙板防水构造
(a) 水平缝；(b) 垂直缝

（2）构造防水

构造防水是采取合适的构造形式阻断水的通路，以达到防水的目的。如在外墙板接缝外口设置适当的线型构造（立缝的沟槽，平缝的挡水台、披水等），形成空腔，截断毛细管通路，利用排水沟将渗入板缝的雨水排出墙外，防止向室内渗漏。即使渗入，也能沿槽口引流至墙外。预制外墙板接缝采用构造防水时，水平缝宜采用企口缝或高低缝，少雨地区可采用平缝，如图 4-39 所示；竖缝宜采用双直槽缝，少雨地区可采用单斜槽缝，如图 4-40 所示。

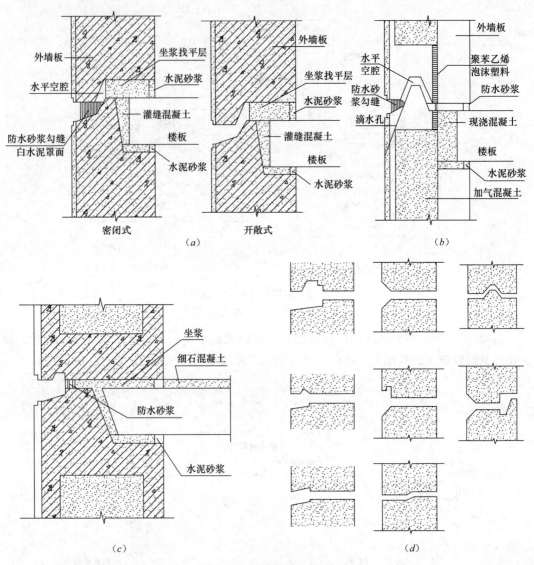

图 4-39 水平缝防水构造

（a）高低缝防水；（b）企口缝防水；（c）平缝滴水线防水；（d）可选用的其他形式防水

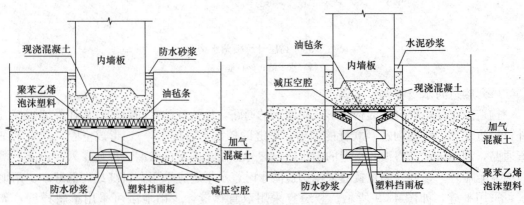

图 4-40 竖缝减压空腔构造防水做法

实例 4.2　水平构件现浇连接

4.2.1　实例分析

　　某停车楼项目为装配式立体停车楼,该楼采用全装配式钢筋混凝土剪力墙-梁柱结构体系,预制率95%以上,抗震设防烈度为7度,结构抗震等级三级。该工程地上4层,地下1层,预制构件共计3788块,其中水平构件及竖向构件连接均采用灌浆套筒连接方式。

　　该项目技术员赵某现需要结合任务3中所吊装完成的水平预制构件完成现浇部分连接任务,其水平构件叠合楼板如图4-41所示。

图 4-41　水平叠合楼板示意图

4.2.2　相关知识

1. 装配整体式混凝土结构后浇混凝土模板及支撑要求

　　模板与支撑安装除满足竖向构件现浇连接部位的相关规定外,还应满足以下要求:

　　(1) 叠合楼板施工要求

　　1) 叠合楼板的预制底板安装时,可采用龙骨及配套支撑,龙骨及配套支撑应进行设计计算;

　　2) 宜选用可调整标高的定型独立钢支柱作为支撑,龙骨的顶面标高应符合设计要求;

　　3) 应准确控制预制底板搁置面的标高;

　　4) 浇筑叠合层混凝土时,预制底板上部应避免集中堆载。

　　(2) 叠合梁施工要求

　　1) 预制梁下部的竖向支撑可采取点式支撑,支撑位置与间距应根据施工验算确定;

　　2) 预制梁竖向支撑宜选用可调标高的定型独立钢支架;

　　3) 预制梁的搁置长度及搁置面的标高应符合设计要求。

2. 装配整体式混凝土结构后浇混凝土钢筋要求

　　钢筋定位除满足竖向构件现浇连接部位的相关规定外,还应满足以下要求:

　　(1) 预制梁柱节点区的钢筋安装要求

　　1) 节点区柱箍筋应预先安装于预制柱钢筋上,随预制柱一同安装就位;

　　2) 预制叠合梁采用封闭箍筋时,预制梁上部纵筋应预先穿入箍筋内临时固定,并随预制梁一同安装就位；

3）预制叠合梁采用开口箍筋时，预制梁上部纵筋可在现场安装。

（2）叠合板上部后浇混凝土中的钢筋宜采用成型钢筋网片整体安装就位。

（3）装配整体式混凝土结构后浇混凝土施工时，应采取可靠的保护措施，防止钢筋偏移及受到污染。

3. 装配整体式混凝土结构后浇混凝土要求

后浇混凝土除满足竖向构件现浇连接部位的相关规定外，还应满足以下要求：

（1）叠合构件混凝土浇筑前，应清除叠合面上的杂物、浮浆及松散骨料，表面干燥时应洒水润湿，洒水后不得留有积水。

叠合面对于预制与现浇混凝土的结合有重要作用。对叠合构件混凝土浇筑前表面清洁与施工技术处理做了规定。

（2）叠合构件混凝土浇筑前，应检查并校正预制构件的外露钢筋。

（3）叠合构件混凝土浇筑时，应采取由中间向两边的方式。

此条规定的目的是保证叠合构件混凝土浇筑时，下部预底板的龙骨与支撑的受力均匀，减小施工过程中不均匀分布荷载的不利作用。

（4）叠合构件与周边现浇混凝土结构连接处，浇筑混凝土时应加密振捣点，当采取延长振捣时间措施时，应符合有关标准和施工作业要求；叠合构件混凝土浇筑时，不应移动预埋件的位置，且不得污染预埋外露连接部位。

（5）叠合构件上一层混凝土剪力墙吊装施工，应在剪力墙锚固的叠合构件后浇层混凝土达到足够强度后进行。

（6）构件连接混凝土应满足以下要求：

1）装配整体式混凝土结构中预制构件的连接处混凝土强度等级不应低于所连接的各预制构件混凝土强度等级中的较大值。

此条与《混凝土结构工程施工规范》GB 50666—2011 中对装配整体式混凝土结构接缝现浇混凝土的要求一致。如预制梁、柱混凝土强度等级不同时，预制梁柱节点区混凝土应按强度等级高的混凝土浇筑。

2）用于预制构件连接处的混凝土或砂浆，宜采用无收缩混凝土或砂浆，并宜采取提高混凝土或砂浆早期强度的措施；在浇筑过程中应振捣密实，并应符合有关标准和施工作业要求。

4. 叠合楼板的现浇连接施工

（1）叠合构件混凝土浇筑前应清除叠合面上的杂物、浮浆及松散骨料，表面干燥时应洒水润湿，洒水后不得留有积水。叠合构件混凝土浇筑时宜采取由中间向两边的方式。叠合构件与现浇构件交接处混凝土应加密振捣点，并适当延长振捣时间。叠合构件混凝土浇筑时，不应移动预埋件的位置，且不得污染预埋件连接部位。叠合构件上一层混凝土剪力墙吊装施工，应在剪力墙锚固的叠合构件后浇层混凝土达到足够强度后进行。叠合构件的叠合层混凝土同条件立方体抗压强度达到混凝土设计强度等级值的 75% 后，方可拆除下一层支撑。

（2）预制混凝土与后浇混凝土之间的结合面应设置粗糙面。粗糙面的凹凸深度不应小于 4.1mm，以保证叠合面具有较强的粘结力，使两部分混凝土共同有效的工作。预制板厚度由于脱模、吊装、运输、施工等因素，最小厚度不宜小于 60mm。后浇混凝土层最小厚度不应小于60mm，主要考虑楼板的整体性及管线预埋、面筋铺设、施工误差等因素。当板跨度大于3m时，宜采用桁架钢筋混凝土叠合板，可增加预制板的整体刚度和水平抗剪性能；当板跨度大于6m时，宜采用预应力混凝土预制板，节省工程造价；板厚大于180mm的叠合板，其预制部分采用空心板，空心部分板端空腔应封堵，可减轻楼板自重，提高经济性能。

（3）叠合板支座处的纵向钢筋应符合下列规定：

1）端支座处，预制板内的纵向受力钢筋宜从板端伸出并锚入支撑梁或墙的后浇混凝土中，锚固长度不应小于5d（d为纵向受力钢筋直径），且宜伸过支座中心线，如图4-42（a）所示。

2）单向叠合板的板侧支座处，当板底分布钢筋不伸入支座时，宜在紧邻预制板顶面的后浇混凝土叠合层中设置附加钢筋，附加钢筋截面面积不宜小于预制板内的同向分布钢筋面积，间距不宜大于600mm，在板的后浇混凝土叠合层内锚固长度不应小于15d，在支座内锚固长度不应小于15d（d为附加钢筋直径）且宜伸过支座中心线，如图4-42（b）所示。

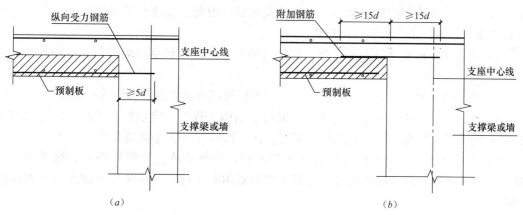

图4-42 叠合板端及板侧支座构造示意
（a）板端支座；（b）板侧支座

3）单向叠合板板侧的分离式接缝宜配置附加钢筋，如图4-43所示。接缝处紧邻预制板顶面宜设置垂直于板缝的附加钢筋，附加钢筋伸入两侧后浇混凝土叠合层的锚固长度不应小于15d（d为附加钢筋直径）；附加钢筋截面面积不宜小于预制板中该方向钢筋面积，钢筋直径不宜小于6mm、间距不宜大于250mm。

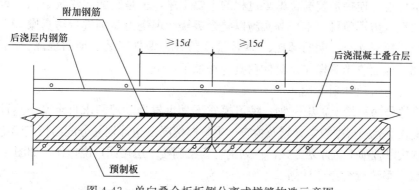

图4-43 单向叠合板板侧分离式拼缝构造示意图

4）双向叠合板板侧的整体式接缝处由于有应变集中情况，宜将接缝设置在叠合板的次要受力方向上且宜避开最大弯矩截面。接缝可采用后浇带形式，并应符合下列规定：

① 后浇带宽度不宜小于 200mm；

② 后浇带两侧板底纵向受力钢筋可在后浇带中焊接、搭接连接、弯折锚固；

③ 当后浇带两侧板底纵向受力钢筋在后浇带中弯折锚固时，应符合下列规定。

叠合板厚度不应小于 $10d$，且不应小于 120mm（d 为弯折钢筋直径的较大值）；垂直于接缝的板底纵向受力钢筋配置量宜按计算结果增大 15％配置；接缝处预制板侧伸出的纵向受力钢筋应在后浇混凝土叠合层内锚固，且锚固长度不应小于 l_a；两侧钢筋在接缝处重叠的长度不应小于 $10d$，钢筋弯折角度不应大于 30°，弯折处沿接缝方向应配置不少于 2 根通常构造钢筋，且直径不应小于该方向预制板内钢筋直径。

（4）叠合板施工其他要求

1）叠合构件后浇混凝土层施工前，应按设计要求检查结合面粗糙度、清洁度，检查并校正预制构件的外露钢筋。

2）叠合构件应根据构件类型、跨度来确定后浇混凝土支撑件的拆除时间。强度达到设计要求后，方可承受全部设计荷载。

3）浇筑叠合楼板面层混凝土前应对结合部进行处理，包括垃圾清扫、清理污渍、洒水湿润等。

4）叠合楼板楼面混凝土应连续浇筑，并严格控制现浇混凝土表面的平整度。

5）现浇部分的施工环节还应满足《混凝土结构工程施工质量验收规范》GB 50204—2015 和《混凝土结构工程施工规范》GB 50666—2011 中相关条款的要求。

6）当叠合楼板混凝土强度符合下列规定时，方可拆除板下梁墙临时连接槽钢、顶撑、专用斜撑等工具，以防止叠合梁发生侧倾或混凝土过早承受拉应力使现浇节点出现裂缝。

① 当预制带肋底板跨度不大于 2m 时，同条件养护的混凝土立方体抗压强度不应小于设计混凝土强度等级值的 50％；

② 当预制带肋底板跨度＞2m 且≤8m 时，同条件养护的混凝土立方体抗压强度不应小于设计混凝土强度等级值的 75％。

4.2.3 任务实施

水平构件现浇连接是装配化施工过程的重要工序，也是装配式建筑虚拟仿真软件的重点仿真项目，本任务实施以叠合板楼面现浇为案例进行仿真操作，主要包括模板支设、钢筋绑扎、PVC 管线敷设、埋件安装、楼面现浇、混凝土振捣、楼面收光等操作。具体仿真操作如下：

4-2 竖向构件现浇施工

（1）练习与考核计划下达

计划下达分两种情况，第一种：练习模式下学生根据学习需求自定义下达计划。第二种：考核模式下教师根据教学计划及检查学生掌握情况下达计划并分配给指定学生进行训练或考核。本次以教师下达计划方式，计划内容为案例楼 2 层楼面现浇操作，如图 4-44 所示。

（2）登录系统查询操作计划

输入用户名及密码登录，如图 4-45 所示。

图 4-44　教师计划下达

图 4-45　用户登录

（3）任务查询

学生登录系统后查询施工任务，根据任务列表，明确任务内容，如图 4-46 所示。

（4）施工前准备

工作开始前首先进行施工前准备，包括：着装检查和杂物清理及施工前注意事项了解等，本次操作任务为竖向构件的连接，如图 4-47 所示。

（5）模板支设

支撑支设站杆必须顺直，底部垫设槽钢，顶丝外出尺寸不能超过 15cm，严禁支撑底托采用顶丝。立杆距墙 30～50cm，立杆距离超出 3.2m 中间加设一道支撑。支撑竖向间距约 150cm，如图 4-48、图 4-49 所示。

（6）楼层钢筋绑扎

钢筋绑扎过程包括钢筋下料及具体钢筋摆放及绑扎操作，具体操作需要依据楼面钢筋绑扎图纸要求进行操作。

图 4-46　任务查询

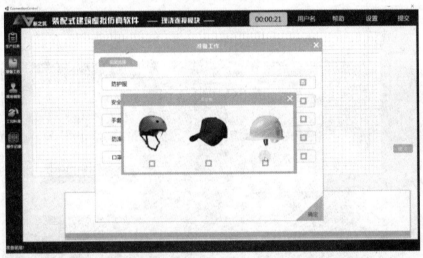

图 4-47　施工前准备

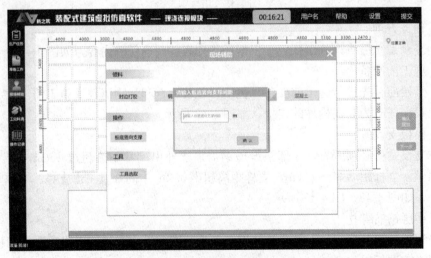

图 4-48　板底竖向支撑间距设定

图 4-49　待现浇楼层场景

1）钢筋下料

根据楼面钢筋绑扎图纸要求，进行钢筋下料，钢筋下料过程中需要选择钢筋类型、钢筋直径、钢筋长度及钢筋下料量，设定完毕后方可进行钢筋生产，如图 4-50、图 4-51所示。

2）钢筋摆放

① 钢筋下料完毕后，根据钢筋绑扎图纸进行钢筋摆放操作，摆放方式通过二维钢筋摆放界面进行钢筋摆放及绑扎，如图 4-52、图 4-53 所示。

② PVC 管线铺设

钢筋摆放完毕后即进行 PVC 管线的铺设，根据管线铺设图纸进行管线铺设，如图 4-54～图 4-56 所示。

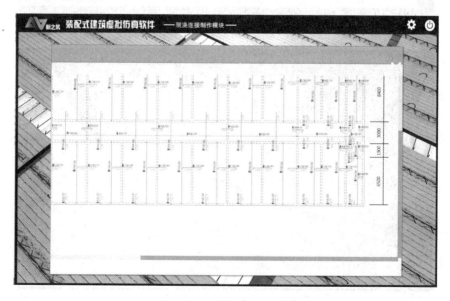

图 4-50　钢筋绑扎图纸识图

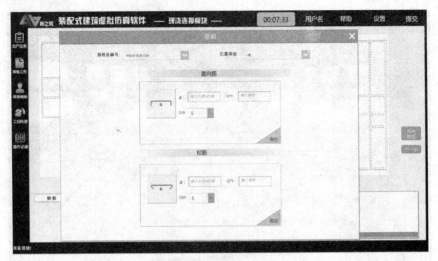

图 4-51　钢筋下料

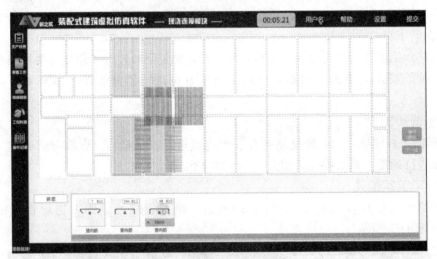

图 4-52　钢筋二维摆放界面

图 4-53　钢筋摆放 3D 场景

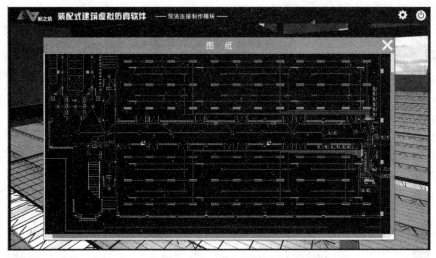

图 4-54 管线铺设图纸

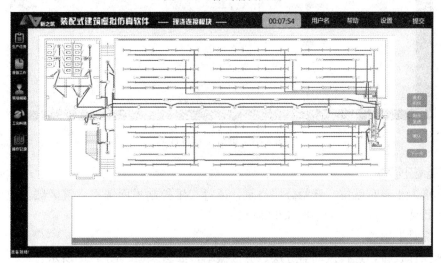

图 4-55 管线铺设二维操作界面

图 4-56 楼面 3D 场景

（7）楼面现浇

钢筋绑扎及管线铺设完毕后，即可开始楼面现浇操作。

1）现浇混凝土量计算

首先根据楼面浇筑面积进行浇筑混凝土量计算，计算方式如下：楼层厚度要求为130mm，叠合板厚度为60mm，则现浇层厚为70mm，根据楼层面积即可计算出所需混凝土量，如图4-57所示。

图 4-57　混凝土用量计算

2）混凝土浇筑

操作混凝土泵车就位，开始分层浇筑，通过二维控制界面选择浇筑区域，配合3D虚拟场景进行浇筑，如图4-58～图4-60所示。

（8）振动器振捣

选择操作设备，进行振动器分层、分次振动，如图4-61、图4-62所示。

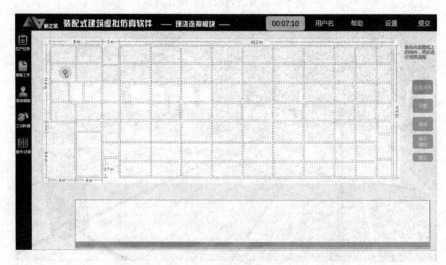

图 4-58　控制现浇位置

图 4-59　3D 现浇场景

图 4-60　现浇楼面完毕

图 4-61　振动器选择

图 4-62　振动器振捣

（9）楼面找平、收光

选择抹平设备，按标高线进行楼面找平、收光操作，如图 4-63 所示。

图 4-63　楼面收光

（10）混凝土养护

在混凝土表面收光后覆盖塑料薄膜，用铁板在薄膜上轻轻压一遍，使薄膜与混凝土地面粘接，后覆盖棉毡，随混凝土浇筑进度同时进行覆盖保温材料，保证混凝土表面上部点的温差不大于 25℃；非抗渗混凝土养护时间不得少于 7d，抗渗混凝土养护时间不得少于 14d。

（11）工完料清

楼面现浇操作全部完毕后，进行工完料清工作，包括原料回收、设备清洗入库等操作，如图 4-64 所示。

（12）操作提交

本楼面现浇任务完毕后，即可进行其他任务操作，待任务全部操作完毕后，即可点击"提交"按钮进行操作提交，本次现浇操作结束。提交后，系统会自动对本操作任务的工

图 4-64　工完料清

艺操作、施工成本、施工质量、安全操作及工期等智能评价，形成考核记录和评分记录供教师或学生查询。

（13）成绩查询及考核报表导出

登录管理端，即可查询操作成绩，并且可以导出详细操作报表，详细报表包括：总成绩、操作成绩、操作记录、评分记录等，如图 4-65 所示。

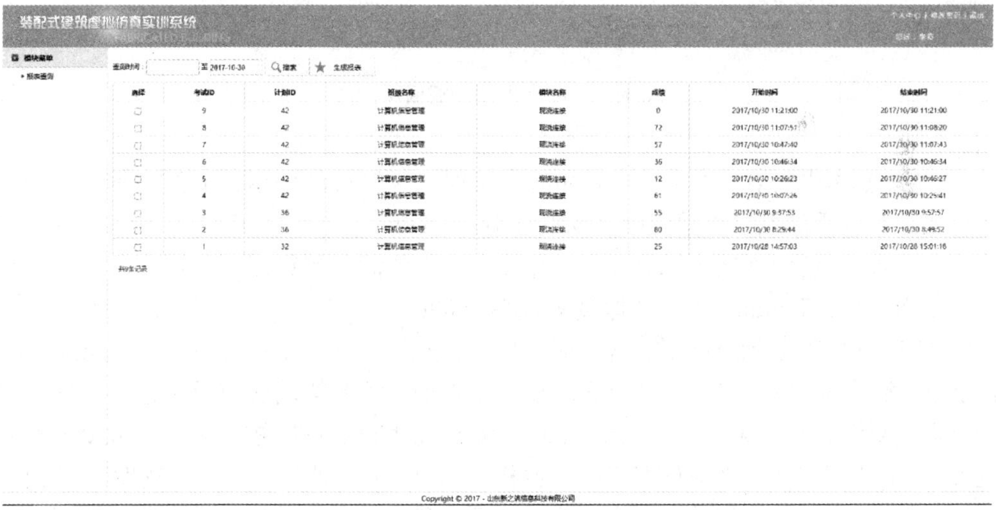

图 4-65　成绩查询及考核报表导出

4.2.4　知识拓展

1. 叠合梁的现浇连接施工

（1）叠合梁构造要求

在装配整体式框架结构中，常将预制梁做成矩形或 T 形截面，如图 4-66 所示。首先在预制厂内做成预制梁，在施工现场将预制楼板搁置在预制梁上（预制楼板和预制梁下需设临时支撑），安装就位后，再浇捣梁上部的混凝土使楼板和梁连接成整体，即成为装配整体式结构中分两次浇捣混凝土的叠合梁。混凝土叠合梁的截面一般有两种，分为矩形截面预制梁和凹口截面预制梁，如图 4-67 所示。

图 4-66　预制梁示意图

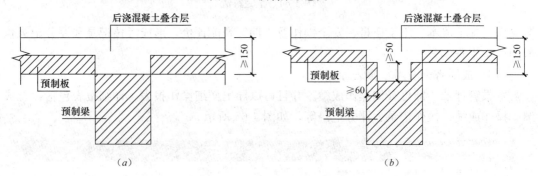

图 4-67　叠合框架梁截面示意图
（a）矩形截面预制梁；（b）凹口截面预制梁

1）装配整体式框架结构中，当采用叠合梁时，预制梁端的粗糙面凹凸深度不应小于 6mm，框架梁的后浇混凝土叠合层厚度不宜小于 150mm，如图 4-67（a）所示；次梁的后浇混凝土叠合板厚度不宜小于 120mm；当采用凹口截面预制梁时，如图 4-67（b）所示，凹口深度不宜小于 50mm，凹口边厚度不宜小于 60mm。

2）为提高叠合梁的整体性能，使预制梁与后浇层之间有效的结合为整体，预制梁与后浇混凝土、灌浆料、坐浆材料的结合面应设置粗糙面，预制梁端面应设置键槽（图 4-68）。预制梁端的粗糙面凹凸深度不应小于 6mm，键槽尺寸和数量应按《装配式混凝土结构技术规程》JGJ 1—2014 的规定计算确定。键槽的深度 t 不宜小于 30mm，宽度 w 不宜小于深度的 3 倍且不宜大于深度的 10 倍；键槽可贯通截面，当不贯通时槽口距离截面边缘不宜小于 50mm，键槽间距宜等于键槽宽度，键槽端部斜面倾角不宜大于 30°。粗糙面的面积不宜小于结合面的 80%。

（2）叠合梁板上部钢筋安装

1）键槽钢筋绑扎时，为确保 U 形钢筋位置的准确，在钢筋上口加 Φ6 钢筋，卡在键槽当中作为键槽钢筋的分布筋。

2）叠合梁板上部钢筋施工时，所有钢筋交错点均绑扎牢固，同一水平直线上相邻绑扣呈八字形，朝向混凝土构件内部。

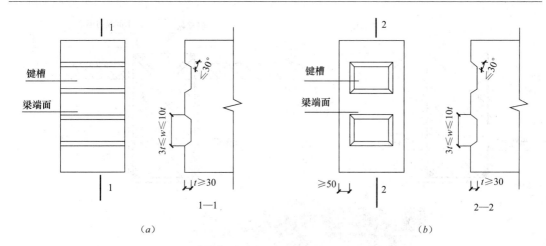

图 4-68　梁端键槽构造示意图

（a）键槽贯通截面；（b）键槽不贯通截面

（3）叠合梁的箍筋配置

抗震等级为一、二级的叠合框架梁的梁端箍筋加密区宜采用整体封闭箍筋，如图 4-69（a）所示。采用组合封闭箍筋的形式时，如图 4-69（b）所示，开口箍筋上方应做成 135° 弯钩。非抗震设计时，弯钩端头平直段长度不应小于 $5d$（d 为箍筋直径）。抗震设计时，平直段长度不应小于 $10d$。现浇应采用箍筋帽封闭开口箍，箍筋帽末端应做成 135° 弯钩。

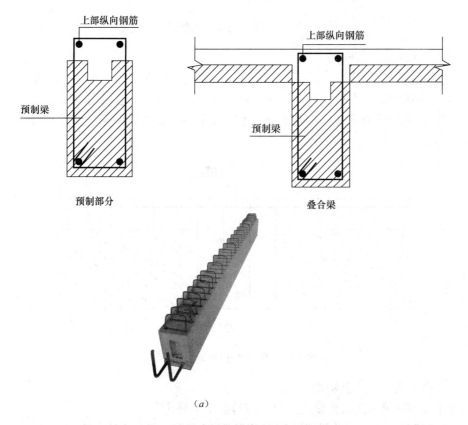

（a）

图 4-69　叠合梁箍筋构造示意图（一）

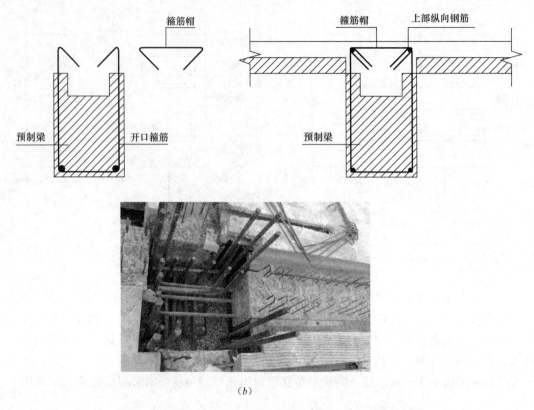

（b）

图 4-69　叠合梁箍筋构造示意图（二）

（4）叠合梁对接连接时的要求

1）连接处应设置后浇段，后浇段的长度应满足梁下部纵向钢筋连接作业的空间需求。

2）梁下部纵向钢筋在后浇段内宜采用机械连接、套筒灌浆连接或焊接连接。

3）后浇段内的箍筋应加密，箍筋间距不应大于 $5d$（d 为纵向钢筋直径），且不应大于 100mm（图 4-70）。

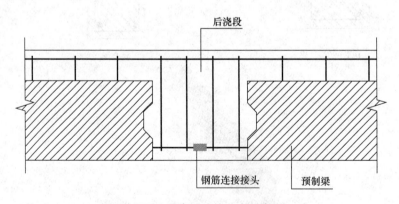

图 4-70　叠合梁连接节点示意图

（5）叠合主次梁的节点构造

叠合主梁与次梁采用后浇段连接时，应符合下列规定：

1）在端部节点处，次梁下部纵向钢筋伸入主梁后浇段内的长度不应小于 $12d$。次梁上部纵向钢筋应在主梁后浇段内锚固。当采用弯折锚固（图 4-71a）或锚固板时，锚固直段长度不应小于 $0.6l_{ab}$；当钢筋应力不大于钢筋强度设计值的 50% 时，锚固直段长度不应大于 $0.35l_{ab}$；弯折锚固的弯折后直段长度不应小于 12d（d 为纵向钢筋直径）。

2）在中间节点处，两侧次梁的下部纵向钢筋伸入主梁后浇段内长度不应小于 12d（d 为纵向钢筋直径）；次梁上部纵向钢筋应在现浇层内贯通（图 4-71b）。

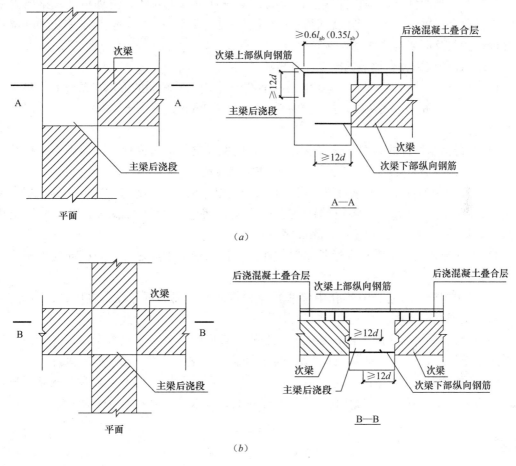

图 4-71　叠合主次梁的节点构造图

（a）端部节点；（b）中间节点

（6）叠合梁安装其他要求

1）叠合梁后浇混凝土层施工前，应按设计要求检查结合面粗糙度、清洁度，检查并校正预制构件的外露钢筋；

2）叠合梁应根据构件类型、跨度来确定后浇混凝土支撑件的拆除时间，强度达到设计要求后，方可承受全部设计荷载；

3）叠合梁后浇混凝土施工前应对结合部进行处理，包括垃圾清扫、清理污渍、洒水湿润等。

2. PK 预应力叠合楼板施工

随着 PK 预应力双向叠合楼盖体系在实际工程中的不断应用，其施工工艺也不断完善。PK 预应力叠合楼板由预制构件在现场安装后二次浇筑混凝土形成的整体楼板结构，它要求叠合楼板的后浇层与框架的混凝土同时浇筑，预制构件和板端钢筋深入框架梁墙内有一定的长度和位置要求。如果其施工程序安排不好，将会给叠合楼板的施工造成困难。

（1）PK 预应力叠合楼盖的主要施工工序

搭设框架梁的支撑→框架梁底模定位→绑扎框架梁钢筋→支框架梁侧模→吊装 PK 预应力叠合板预制构件→预制构件底板拼缝处抹灰→预设水电管线、清理板面及梁槽内杂物→布置叠合板拼缝处折线形抗裂钢筋、穿置横向受力钢筋→布置叠合板支座负筋→浇筑叠合板现浇层及框架梁的混凝土→养护。

（2）PK 预应力叠合楼盖的施工注意事项

1）PK 预应力构件在堆放、运输时不得倒置，采用尺寸相同的方木垫条垫底，垫木应上下对齐，分别置于板底两端，离板端距离不大于 300mm 且不小于 150mm，堆放时高度不宜超过 6 层。

2）叠合预制构件的两端要设置支撑，并且要保证支撑的可靠性，如遇到施工荷载过大，跨中需设置临时支撑，以确保施工安全和工程质量。

3）PK 预制构件要求两端搁置在砌体墙或预制梁上的长度不小于 80mm，伸入现浇框梁内的长度不小于 10mm，将板端部的预应力钢丝置于支承梁上部纵筋以下伸入至少150mm，以确保楼板与支承梁的可靠嵌固。

4）折线形抗裂钢筋沿板缝通长布置，并位于横向受力钢筋之上，与横向受力钢筋绑扎在一起。

5）在预制构件板肋长方形孔中穿非预应力钢筋时，钢筋可分段布置后再进行连接，并锚入圈梁或框架梁中。

6）在叠合层混凝土施工前，必须把预制构件表面的浮浆、尘土等杂物清除干净，然后浇水充分润湿，且不留积水，这是保证叠合面施工质量的关键，必须严格执行。

7）当相邻 PK 叠合板由于跨度不一致，导致叠合后楼板厚度不一致时，就需要根据两块楼板的厚度差 d，将跨度大的 PK 板事先降低 d 以求叠合混凝土后板面平整。

小结

通过本部分的学习，要求学生掌握以下内容：

1. 掌握竖向预制构件的混凝土现浇连接的方法与内容，包括预制柱的混凝土现浇连接、预制剪力墙的混凝土现浇连接，还有预制内墙板等的混凝土现浇连接。

2. 掌握水平构件的混凝土现浇连接，包括预制楼板的混凝土现浇连接、预制叠合梁的混凝土现浇连接。

3. 掌握竖向现浇连接构件剪力墙、水平现浇连接构件叠合板的虚拟仿真软件的操作方法与步骤。

习题

1. 预制构件连接节点和连接接缝部位后浇混凝土施工应符合哪些规定？

2. 楼层内相邻预制剪力墙的连接应符合什么规定？

3. 装配整体式混凝土结构后浇混凝土节点间的钢筋安装需要注意的问题？

4. 墙板浇筑混凝土前的准备工作有哪些？

5. 预制外墙板后浇混凝土的施工要求有哪些？

6. 需后浇混凝土的预制件的表面处理方法有哪些？

7. 叠合楼板的施工要求有哪些？

8. 叠合梁的箍筋配置要求有哪些？

9. 叠合梁采用对接连接时的要求是什么？

10. PK 预应力叠合楼盖的主要施工工序有哪些？

任务 5　质检与维护

5.1　实例分析

　　某停车楼项目为装配式立体停车楼，该楼采用全装配式钢筋混凝土剪力墙-梁柱结构体系，预制率 95％以上，抗震设防烈度为 7 度，结构抗震等级三级。该工程地上 4 层，地下 1 层，预制构件共计 3788 块，其中水平构件及竖向构件连接均采用灌浆套筒连接方式。

　　该项目技术员赵某现需要对运输进场的预制混凝土剪力墙等构件进行检验，其预制构件如图 5-1 所示。

图 5-1　进场预制构件堆放示意图

5.2　相关知识

5.2.1　预制构件进场检验

　　装配式混凝土结构工程施工质量验收应划分为单位工程、分部工程、分项工程、子项工程和检验批进行验收。预制构件进场，使用方应进行进场检验，验收合格并经监理工程师批准后方可使用。

　　1. 对工厂生产的预制构件，进场时应检查其质量证明文件和表面标识。预制构件的质量、标识应符合设计要求及现行国家相关标准规定。

（1）检查数量：全数检查。

（2）检验方法：观察检查、检查出厂合格证及相关质量证明文件。

1）预制构件应具有出厂合格证及相关质量证明文件，根据不同预制构件类型与特点，分别包括：混凝土强度报告、钢筋复试报告、钢筋套筒灌浆接头复试报告、保温材料复试报告、面砖及石材拉拔试验、结构性能检验报告等相关文件。

2）预制构件生产企业的产品合格证应包括下列内容：合格证编号、构件编号、产品数量、预制构件型号、质量情况、生产企业名称、生产日期、出厂日期、质检员和质量负责人签名等。

3）表面标识通常包括项目名称、构件编号、安装方向、质量合格标志、生产单位等信息，标识应易于识别及使用。

2. 预制构件安装就位后，连接钢筋、套筒或浆锚的主要传力部位不应出现影响结构性能和构件安装施工的尺寸偏差。

对已出现的影响结构性能的尺寸偏差，应由施工单位提出技术处理方案，并经监理（建设）单位认可后进行处理。经过处理的部位，应重新检查验收。

（1）检查数量：全数检查。

（2）检验方法：观察，检查技术处理方案。

预制构件安装过程中，往往因各种原因使连接钢筋和套筒等主要传力部位出现尺寸偏差，严重时可能会影响结构性能、使用功能和耐久性，必须对尺寸偏差处理合格后，方能进入下一道工序。

3. 预制构件安装完成后，外观质量不应有影响结构性能的缺陷，且不宜有一般缺陷，见表 5-1。对已经出现的影响结构性能的缺陷，应由施工单位提出技术处理方案，并经监理（建设）单位认可后进行处理。对经处理的部位，应重新检查验收。

（1）检查数量：全数检查。

（2）检验方法：观察，检查技术处理方案。

预制构件外观质量判定方法

表 5-1

项目	现象	质量要求	判定方法
露筋	钢筋未被混凝土完全包裹而外露	受力主筋不应有，其他构造钢筋和箍筋允许少量	观察
蜂窝	混凝土表面石子外露	受力主筋部位和支撑点位置不应有，其他部位允许少量	观察
孔洞	混凝土中孔洞深度和长度超过保护层厚度	不应有	观察
夹渣	混凝土中夹有杂物且深度超过保护层厚度	禁止夹渣	观察
外形缺陷	内表面缺棱掉角、表面翘曲、抹面凹凸不平，外表面面砖粘结不牢、位置偏差、面砖嵌缝没有达到横平竖直、转角面砖棱角不直、面砖表面翘曲不平	内表面缺陷基本不允许，要求达到预制构件允许偏差；外表面仅允许极少量缺陷，但禁止面砖粘结不牢、位置偏差、面砖翘曲不平不得超过允许值	观察

项目	现象	质量要求	判定方法
外表缺陷	内表面麻面、起砂、掉皮、污染，外表面面砖污染、窗框保护纸破坏	允许少量污染等不影响结构使用功能和结构尺寸的缺陷	观察
连接部位缺陷	连接处混凝土缺陷及连接钢筋、连接件松动	不应有	观察
破损	影响外观	影响结构性能的破损不应有，不影响结构性能和使用功能的破损不宜有	观察
裂缝	裂缝贯穿保护层到达构件内部	影响结构性能的裂缝不应有，不影响结构性能和使用功能的裂缝不宜有	观察

4. 预制构件的尺寸偏差应符合表 5-2 的规定。对于施工过程中临时使用的预埋件中心线位置及后浇混凝土部位的预制构件尺寸偏差可按表 5-2 中的规定放大一倍执行。

检查数量：同一生产企业、同一品种的构件，不超过 100 个为一批，每批抽查构件数量的 5％且不少于 3 件。

预制构件尺寸的允许偏差及检验方法　　　　表 5-2

项目			允许偏差（mm）	检验方法
长度	板、梁、柱、桁架	＜12m	±5	尺量检查
		≥12m 且＜18m	±10	
		≥18m	±20	
	墙板		±4	
宽度、高（厚）度	板、梁、柱、桁架截面尺寸		±5	钢尺量一端及中部，取其中偏差绝对值较大处
	墙板的高度、厚度		±3	
表面平整度	板、梁、柱、墙板内表面		5	2m 靠尺和塞尺检查
	墙板外表面		3	
侧向弯曲	板、梁、柱		$l/750$ 且≤20	拉线、钢尺量最大侧向弯曲处
	墙板、桁架		$l/1000$ 且≤20	
翘曲	板		$l/750$	调平尺在两端量测
	墙板		$l/1000$	
对角线差	板		10	钢尺量两个对角线
	墙板		5	
挠曲变形	梁、板、桁架设计起拱		±10	拉线、钢尺量最大弯曲处
	梁、板、桁架下垂		0	

项目		允许偏差（mm）	检验方法
预留孔	中心线位置	5	尺量检查
	孔尺寸	±5	
预留洞	中心线位置	10	尺量检查
	洞口尺寸、深度	±10	
门窗口	中心线位置	5	尺量检查
	宽度、高度	±3	
预埋件	预埋板中心线位置	5	尺量检查
	预埋板与混凝土面平面高差	0，−5	
	预埋螺栓中心线位置	2	
	预埋螺栓外露长度	+10，−5	
	预埋螺栓、预埋套筒中心线位置	2	
	预埋套筒、螺母与混凝土面平面高差	0，−5	
	线管、电盒、木砖、吊环与构件平面的中心线位置偏差	20	
	线管、电盒、木砖、吊环与构件表面混凝土高差	0，−10	
预留插筋	中心线位置	3	尺量检查
	外露长度	+5，−5	
键槽	中心线位置	5	尺量检查
	长度、宽度、深度	±5	
桁架钢筋高度		+5，0	尺量检查

注：1. l 为构件最长边的长度（mm）；
　　2. 检查中心线、螺栓和孔洞位置偏差时，应沿纵横两个方向量测，并取其中偏差较大值。

本条给出的预制构件尺寸偏差是对预制构件的基本要求，如根据具体工程要求提出高于本条规定时，应按设计要求或合同规定执行。

5.2.2　预制构件吊装质量检验

1. 预制构件外墙板与构件、配件的连接应牢固可靠。

（1）检查数量：全数检查。

（2）检查方法：观察检查。

2. 后浇连接部分的钢筋品种、级别、规格、数量和间距应符合设计要求。

（1）检查数量：全数检查。

（2）检验方法：观察，钢尺检查。

后浇连接部分钢筋的品种、级别、规格、数量和间距对结构的受力性能有重要影响，必须符合设计要求。

3. 承受内力的接头和拼缝，当其混凝土强度未达到设计要求时，不得吊装上一层结构构件；当设计无具体要求时，应在混凝土强度不小于 10MPa 或具有足够的支撑时方可吊装上一层结构构件。对于已安装完毕的装配整体式混凝土结构，应在混凝土强度达到设计要求后，方可承受全部设计荷载。

（1）检查数量：全数检查。

（2）检验方法：观察，检查混凝土同条件试件强度报告。

装配整体式混凝土结构施工时，尚未形成完整的结构受力体系。本条提出了对接头混凝土尚未达到设计强度时，施工中应该注意的事项。

4. 预制构件与主体结构之间，预制构件和预制构件之间的钢筋接头应符合设计要求。施工前应对接头施工进行工艺检验。

（1）检查数量：全数检查。

（2）检查方法：观察检查，检查施工记录和检测报告。

1）采用机械连接时，接头质量应符合现行行业标准《钢筋机械连接技术规程》JGJ 107—2016 的要求；采用灌浆套筒时，接头抗拉强度及残余变形应符合现行行业标准《钢筋机械连接技术规程》JGJ 107—2016 中Ⅰ级接头的要求；采用浆锚搭接连接钢筋浆锚搭接连接接头时，工艺检验应按本任务"知识拓展"中的内容执行。

2）采用焊接连接时，接头质量应符合现行行业标准《钢筋焊接及验收规程》JGJ 18—2012 的要求，检查焊接产生的焊接应力和温差是否造成预制构件出现影响结构性能的质量（如缺陷），对已出现的缺陷，应处理合格再进行混凝土浇筑。

3）钢筋接头对装配整体式混凝土结构受力性能有着重要影响，本条提出对接头质量的控制要求。

5. 钢筋套筒接头灌浆料配合比应符合灌浆工艺及灌浆料使用说明书要求。

（1）检查数量：全数检查。

（2）检查方法：观察检查。

6. 装配整体式混凝土结构钢筋套筒连接或浆锚搭接连接灌浆应饱满，所有出浆口均应出浆；采用专用堵头封闭后灌浆料不应有任何外漏。

（1）检查数量：全数检查。

（2）检查方法：观察检查。

本条要求验收时对套筒连接或浆锚搭接连接灌浆饱满情况进行检验，通常的检验方式为观察溢流口浆料情况，当出现浆料连续冒出时，可视为灌浆饱满。

7. 施工现场钢筋套筒接头灌浆料应留置同条件养护试块，试块强度应符合《水泥基灌浆材料应用技术规范》GB/T 50448—2015 的规定。

（1）检查数量：同种直径每班灌浆接头施工时留置一组试件，每组 3 个试块，试块规格为 40mm×40mm×160mm。

（2）检查方法：检查试件强度试验报告。

8. 装配整体式混凝土结构安装完毕后，预制构件安装尺寸允许偏差应符合表 5-3 的要求。

检查数量：按楼层、结构缝或施工段划分检验批。在同一检验批内，对梁、柱，应抽查构件数量的 10%，且不少于 3 件；对于墙和板，应按有代表性的自然间抽查 10%，且不少于 3 间；对大空间结构，墙可按相邻轴线间高度 5m 左右划分检查面，板可按纵、横轴线划分检查面，抽查 10%，且均不少于 3 面。

预制构件安装的允许偏差及检验方法 　　　　　　　　　　　　表 5-3

项目			允许偏差（mm）	检验方法
构件中心线对轴线位置	基础		15	尺量检查
	竖向构件（柱、墙板、桁架）		10	
	水平构件（梁、板）		5	
构件标高	梁、板底面或顶面		±5	水准仪或尺量检查
	柱、墙板顶面		±3	
构件垂直度	柱、墙板	＜5m	5	经纬仪量测
		≥5m 且＜10m	10	
		≥10m	20	
构件倾斜度	梁、桁架		5	垂线、尺量检查
相邻构件平整度	板端面		5	钢尺、塞尺量测
	梁、板下表面	抹灰	3	
		不抹灰	5	
	柱、墙板侧表面	外露	5	
		不外露	10	
构件搁置长度	梁、板		±10	尺量检查
支座、支垫中心位置	板、梁、柱、墙板、桁架		±10	尺量检查
接缝宽度			±5	尺量检查

9. 预制构件节点与接缝防水检验

外墙板接缝的防水性能应符合设计要求。

（1）检查数量：按批检验。每 1000m² 外墙面积应划分为一个检验批，不足 1000m² 时也应划分为一个检验批；每个检验批每 100m² 应至少抽查一处，每处不得少于 10m²。

（2）检验方法：检查现场淋水试验报告。

1）预制墙板拼接水平节点钢制模板与预制构件之间、构件与构件之间应粘贴密封条，节点处模板在混凝土浇筑时不应产生明显变形和漏浆。检查数量：全数检查；检查方法：观察检查。

2）预制构件拼缝处防水材料应符合设计要求，并具有合格证及检测报告。与接触面材料进行相容性试验。必要时提供防水密封材料进场复试报告。检查数量：全数检查；检查方法：观察检查，检查出厂合格证及相关质量证明文件。

3）密封胶打注应饱满、密实、连续、均匀、无气泡，宽度和深度符合要求。检查数量：全数检查；检查方法：观察检查、钢尺检查。

4）预制构件拼缝防水节点基层应符合设计要求。检查数量：全数检查；检查方法：观察检查。

5）密封胶缝应横平竖直、深浅一致、宽窄均匀、光滑顺直。检查数量：全数检查；检查方法：观察检查。

6）防水胶带粘贴面积、搭接长度、节点构造应符合设计要求。检查数量：全数检查；检查方法：观察检查。

装配式结构预制构件检验批、预制构件安装检验批等质量验收记录表见表 5-4～表 5-8。

装配式结构预制构件检验批质量验收记录表　　　　表 5-4

工程名称			检验批部位		施工执行标准名称及编号	
施工单位			项目经理		专业工厂	
执行标准		《混凝土结构工程施工质量验收规范》GB 50204—2015			施工单位检查评定记录	监理（建设）单位验收记录
主控项目	1	预制构件应在明显部位标明生产单位、构件型号、生产日期和质量验收标志。构件上的预埋件、插筋和预留孔洞的规格、位置和数量应符合标准图或设计的要求		9.2.1 条		
	2	预制构件的外观质量不应有严重缺陷		9.2.2 条		
	3	预制构件不应有影响结构性能和安装、使用功能的尺寸偏差		9.2.4 条		
一般项目	1	预制构件的外观不宜有一般缺陷		9.2.4 条		
	2	(1) 长度	板、梁	+10，−5		
			柱	+5，−10		
			墙板	±5		
			薄腹梁、桁梁	+15，−10		
		(2) 宽度、高（厚）度	板、梁、柱、墙板、薄腹梁、桁架	+5		
		(3) 侧向弯曲	梁、柱、板	$L/750$ 且≤20		
			板墙、薄腹梁、桁架	$L/1000$ 且≤20		
		(4) 预埋件	中心线位置	10		
			螺栓位置	5		
			螺栓外漏长度	+10，−5		
		(5) 预留孔	中心线位置	5		
		(6) 预留洞	中心线位置	15		
		(7) 主筋保护层厚度	板	+5，−3		
			梁，柱，墙板，薄腹梁，桁架	+10，−5		
		(8) 对角线差	板，墙板	10		
		(9) 对面平整度	板，墙板，柱，梁	5		
		(10) 预应力构件预留孔道位置	梁、墙板、薄腹梁、桁架	3		
		(11) 翘曲	板	$L/750$		
		(12)	墙板	$L/1000$		
施工单位检查评定结果		项目专业质量检查员：			年　　月　　日	
监理（建设）单位验收结论		监理工程师（建设单位项目专业技术负责人）：			年　　月　　日	

预制板类构件（含叠合板构件）安装检验批质量验收记录表　　　　表 5-5

单位（子单位）工程名称				
分部（子分部）工程名称			验收部位	
施工单位			项目经理	
执行标准名称及编号	《装配式混凝土结构工程施工与质量验收规程》DB/T 1030—2013			

施工质量验收规程的规定			施工单位检查评定记录	监理（建设）单位验收记录
主控项目	1	预制构件安装临时固定措施	第9.3.9条		
	2	预制构件螺栓连接	第9.3.10条		
	3	预制构件焊接连接	第9.3.11条		
一般项目	1	预制构件水平位置偏差（mm）	5		
	2	预制构件标高偏差（mm）	±3		
	3	预制构件垂直度偏差（mm）	3		
	4	相邻构件高低差（mm）	3		
	5	相邻构件平整度（mm）	4		
	6	板叠合面	无损害、无浮灰		

施工单位检查评定结果	专业工长（施工员）		施工班组长		
	项目专业质量检查员			年　　月　　日	

监理（建设）单位验收结论	专业监理工程师（建设单位项目专业技术负责人）			年　　月　　日	

预制梁、柱构件安装检验批质量验收记录表

表 5-6

单位（子单位）工程名称						验收部位		
分部（子分部）工程名称								
施工单位						项目经理		
执行标准名称及编号				《装配式混凝土结构工程施工与质量验收规程》DB/T 1030—2013				

		施工质量验收规程的规定		施工单位检查评定记录	监理（建设）单位验收记录
主控项目	1	预制构件安装临时固定措施	第9.3.9条		
	2	预制构件螺栓连接	第9.3.10条		
	3	预制构件焊接连接	第9.3.11条		
	4	套筒灌浆机械接头力学性能	第9.3.12条		
	5	套筒灌浆接头灌浆料配合比	第9.3.13条		
	6	套筒灌浆接头灌浆饱满度	第9.3.14条		
	7	套筒灌浆料同条件试块强度	第9.3.15条		
一般项目	1	预制柱水平位置偏差（mm）	5		
	2	预制柱标高偏差（mm）	3		
	3	预制柱垂直度偏差（mm）	3 与 $H/1000$ 的较小值		
	4	建筑全高垂直度（mm）	$H/2000$		
	5	预制梁水平位置偏差（mm）	5		
	6	预制梁标高偏差（mm）	3		
	7	梁叠合面	无损害、无浮灰		
施工单位检查评定结果	专业工长			施工班组长	
	项目专业质量检查员				年　月　日
监理（建设）单位验收结论	专业监理工程师（建设单位项目专业技术负责人）				年　月　日

预制墙板构件安装检验批质量验收记录表 表 5-7

单位（子单位）工程名称												
分部（子分部）工程名称				验收部位								
施工单位				项目经理								
执行标准名称及编号		《装配式混凝土结构工程施工与质量验收规程》DB/T 1030—2013										

		施工质量验收规程的规定		施工单位检查评定记录								监理（建设）单位验收记录
主控项目	1	预制构件安装临时固定措施	第 9.3.9 条									
	2	预制构件螺栓连接	第 9.3.10 条									
	3	预制构件焊接连接	第 9.3.11 条									
	4	套筒灌浆机械接头力学性能	第 9.3.12 条									
	5	套筒灌浆接头灌浆料配合比	第 9.3.13 条									
	6	套筒灌浆接头灌浆饱满度	第 9.3.14 条									
	7	套筒灌浆料同条件试块强度	第 9.3.15 条									
一般项目	1	单块墙板水平位置偏差（mm）	5									
	2	单块墙板顶标高偏差（mm）	±3									
	3	单块墙板垂直度偏差（mm）	3									
	4	相邻墙板高低差（mm）	2									
	5	相邻墙板拼缝空腔构造偏差（mm）	±3									
	6	相邻墙板平整度偏差（mm）	4									
	7	建筑物全高垂直度（mm）	$H/20000$									

施工单位检查评定结果	专业工长		施工班组长			
	项目专业质量检查员			年 月 日		

监理（建设）单位验收结论	专业监理工程师（建设单位项目专业技术负责人）		年 月 日	

表 5-8

预制构件接缝防水节点检验批质量验收记录表

单位（子单位）工程名称						
分部（子分部）工程名称				验收部位		
施工单位				项目经理		
执行标准名称及编号		《装配式混凝土结构工程施工与质量验收规程》DB/T 1030—2013				
施工质量验收规程的规定				施工单位检查评定记录		监理（建设）单位验收记录
主控项目	1	预制构件与模板间密封	第9.3.19条			
	2	防水材料质量证明文件及复试报告	第9.3.20条			
	3	密封胶打注	第9.3.21条			
一般项目	1	防水节点基层	第9.3.22条			
	2	密封胶胶缝	第9.3.23条			
	3	防水胶带粘结面积、搭接长度	第9.3.24条			
	4	防水节点空胶排水构造	第9.3.25条			
施工单位检查评定结果	专业工长（施工员）			施工班组长		
	项目专项质量检查员				年 月 日	
监理（建设）单位验收结论	专业监理工程师（建设单位项目专业技术负责人）				年 月 日	

5.2.3　现场灌浆施工质量检验

1. 进场材料验收

（1）套筒灌浆料型式检验报告

检验报告应符合《钢筋连接用套筒灌浆料》JG/T 408—2013 的要求，同时应符合预制构件内灌浆套筒的接头型式检验报告中灌浆料的强度要求。在灌浆施工前，应提前将灌浆料送指定检测机构进行复验。

（2）灌浆套筒进场检验

1）灌浆套筒进场时，应抽取套筒采用与之匹配的灌浆料制作对中连接接头，并进行抗拉强度检验，检验结果应符合《钢筋机械连接技术规程》JGJ 107—2016 中Ⅰ级接头对抗拉强度的要求。

① 检查数量：同一原材料、同一炉（批）号、同一类型、同一规格的灌浆套筒检验批量不应大于 1000 个，每批随机抽取 3 个灌浆套筒制作接头，并应制作不少于 1 组 40mm×40mm×160mm 灌浆料强度试件。

② 检验方法：检查质量证明文件和抽样检验报告。

其中质量证明文件包括灌浆套筒、灌浆料的产品合格证、产品说明书、出厂检验报告（含材料力学性能报告）。试件制作同型式检验试件制作，灌浆料应采用有效型式检验报告匹配的灌浆料。考虑到套筒灌浆连接接头无法在施工过程中截取抽检，故增加了灌浆套筒进场时的抽检要求，以防止不合格灌浆套筒在工程中的应用。对于进入预制构件的灌浆套筒，此项工作应在灌浆套筒进入预制构件生产企业时进行。

2）灌浆套筒进场时，应抽取试件检验外观质量和尺寸偏差，检验结果应符合现行建筑工业行业标准《钢筋连接用灌浆套筒》JG/T 398—2012 的有关规定。

① 检查数量：同一原材料、同一炉（批）号、同一类型、同一规格的灌浆套筒，检验批量不应大于 1000 个，每批随机抽取 10 个灌浆套筒。

② 检验方法：观察，尽量检查。

（3）灌浆料进场检验

此项检验主要对灌浆料拌合物（按比例加水制成的浆料）30min 流动度、泌水率、1d 抗压强度、28d 抗压强度、3h 竖向膨胀率、24h 与 3h 竖向膨胀率差值进行检验。检验结果应符合《钢筋连接用套筒灌浆料》JG/T 408—2013 的有关规定，见表 5-9～表 5-11。

1）检查数量：同一成分、同一工艺、同一批号的灌浆料，检验批量不应大于 50t，每批按现行建筑工业行业标准《钢筋套筒连接用灌浆料》JG/T 408—2013 的有关规定随机抽取灌浆料制作试件。

2）检验方法：检查质量证明文件和抽样检验报告。

灌浆料拌合物流动度要求　　　　　　　　　　　　　　　　　　　　　表 5-9

项目		工作性能要求
流动度（mm）	初始	≥300
	30min	≥260
泌水率（%）		0

灌浆料抗压强度要求　　　　　　　　　　　　　　　　　　　　　　　表 5-10

时间（龄期）	抗压强度（N·mm^{-2}）
1d	≥35
28d	≥85

灌浆料竖向膨胀率要求　　　　　　　　　　　　　　　　　　　　　　表 5-11

项目	竖向膨胀率（%）
3h	≥0.02
24h 与 3h 差值	0.02～0.50

2. 构件专项检验

此项检验主要检查灌浆套筒内腔和灌浆、出浆管路是否通畅，保证后续灌浆作业顺利。检查要点包括：

(1) 用气泵或钢棒检测灌浆套筒内有无异物，管路是否通畅。

(2) 确定各个进、出浆管孔与各个灌浆套筒的对应关系。

(3) 了解构件连接面实际情况和构造，为制定施工方案做准备。

(4) 确认构件另一端面伸出连接钢筋长度符合设计要求。

(5) 对发现问题构件提前进行修理，达到可用状态。

3. 套筒灌浆施工质量检验

(1) 抗压强度检验

施工现场灌浆施工中，需要检验灌浆料的 28d 抗压强度符合设计要求并应符合《钢筋连接用套筒灌浆料》JG/T 408—2013 有关规定。用于检验抗压强度的灌浆料试件应在施工现场制作、实验室条件下标准养护。

1) 检查数量：每工作班取样不得少于 1 次，每楼层取样不得少于三次。每次抽取 1 组试件每组 3 个试块，试块规格为 40mm×40mm×160mm，标准养护 28d 后进行抗压强度试验。

2) 检验方法：检查灌浆施工记录及试件强度试验报告。

(2) 灌浆料充盈度检验

灌浆料凝固后，对灌浆接头 100％进行外观检查。检查项目包括灌浆、排浆孔口内灌浆料充满状态。取下灌、排浆孔封堵胶塞，检查孔内凝固的灌浆料上表面应高于排浆孔下缘 5mm 以上。

(3) 灌浆接头抗拉强度检验

如果在构件厂检验灌浆套筒抗拉强度时，采用的灌浆料与现场所用一样，试件制作也是模拟施工条件，那么，该项试验就不需要再做；否则就要重做，做法如下：

1) 检查数量：同一批号、同一类型、同一规格的灌浆套筒，检验批量不应大于 1000 个，每批随机抽取 3 个灌浆套筒制作对中接头。

2) 检验方法：有资质的实验室进行拉伸试验。

3) 检验结果：结果应符合《钢筋连接技术规程》JGJ 107—2016 中对 I 级接头抗拉强度的要求。

(4) 施工过程检验

采用套筒灌浆连接时，应检查套筒中连接钢筋的位置和长度满足设计要求，套筒和灌浆材料应采用经同一厂家认证的配套产品，套筒灌浆施工尚应符合以下规定：

1) 灌浆前应制定套筒灌浆操作的专项质量保证措施，被连接钢筋偏离套筒中心线偏移不超过 5mm，灌浆操作全过程应有专门人员旁站监督施工。

2) 灌浆料应由经培训合格的专业人员按配置要求计量灌浆材料和水的用量，经搅拌均匀后测定其流动度满足设计要求后方可灌注。

3) 浆料应在制备后半小时内用完，灌浆作业应采取压浆法从下口灌注，当浆料从上口流出时应及时封堵，持压 30s 后再封堵下口。

4) 冬期施工时环境温度应在 5℃以上，并应对连接处采取加热保温措施，保证浆料在

48h 凝结硬化过程中连接部位温度不低于 10℃。

5）灌浆连接施工全过程检查项目见表 5-12。

灌浆连接施工全过程检查项目　　　　　表 5-12

序号	检测项目	要求
1	灌浆料	确保灌浆料在有效期内，且无受潮结块现象
2	钢筋长度	确保钢筋伸出长度满足相关表中规定的最小锚固长度
3	套筒内部	确保套筒内部无松散杂质和水
4	灌排浆嘴	确保灌浆通道顺畅
5	拌合水	确保拌合水干净，符合用水标准，且满足灌浆料的用水量要求
6	搅拌时间	不小于 5min
7	搅拌温度	确保在灌浆料的使用温度范围 5～40℃
8	灌浆时间	不超过 30min
9	流动度	确保灌浆料流动扩展直径在 300～380mm 范围内
10	灌浆情况	确保所有套筒均充满灌浆料，从灌浆孔灌入，排浆孔流出
11	灌浆后	确保所有灌浆套筒及灌浆区域填满灌浆料，并填写灌浆记录表

6）灌浆连接施工常见问题及解决方法见表 5-13。

灌浆连接施工中常见问题解决方法　　　　　表 5-13

序号	问题	解决方法
1	灌浆口或排浆口未露出混凝土构件表面	（1）检查并标记灌浆口或排浆口可能所在的位置。 （2）剔除标记位置的混凝土，找到隐藏的过浆口。 （3）用空压机或水清洗灌浆通道，确保从进浆口到排浆口通道的畅通
2	由于封缝或坐浆的原因，导致坐浆砂浆进入套筒下口，堵塞进浆通道	（1）用錾子剔除灌浆口处的砂浆。 （2）重复序号 1 中步骤（3）。 （3）对此套筒进行单个灌浆
3	灌浆口或排浆口的堵塞（混凝土碎屑或其他异物等）	（1）如果是混凝土碎渣或石子等硬物堵塞，用钢錾子或手枪钻剔除。 （2）如果是密封胶塞或 PE 棒等塑料，用钩状的工具或尖嘴钳从灌浆口或排灌口处挖出。 （3）重复序号 1 中步骤（3）
4	灌浆过程中，封缝砂浆或坐浆砂浆的移动造成灌浆料的渗漏	（1）用碎布、环氧或快干砂浆堵住漏浆处。 （2）用高压水清洗套筒内部，确保灌浆孔道畅通。 （3）重新灌浆
5	套筒内部的堵塞（石子、碎屑等）	（1）用高压水清洗掉套筒内部的灌浆料。 （2）保证灌浆通道畅通，降低灌浆速度，重新灌浆
6	钢筋紧靠套筒内壁，堵塞了灌浆口或排浆口	用钢棒插入排浆孔，然后用重锤敲击，以减少限制
7	灌浆完成后，由于基面吸水或排气造成的灌浆不饱满	采用较细的灌浆管从排浆口插入套筒进行缓慢补浆

5.2.4　成品保护

1. 预制构件在运输、存放、安装施工过程中及装配后应采取有效措施做好成品保护。

预制构件存放处 2m 范围内不应进行电焊、气焊作业。

2. 预制构件暴露在空气中的预埋铁件应涂防锈漆，防止产生锈蚀。预埋螺栓孔应采用海绵棒进行填塞，防止混凝土浇筑时将其堵塞。

3. 预制外墙板安装完毕后，墙板内预置的门、窗框使用槽型木框保护。

4. 构件安装完成后，竖向构件阳角、楼梯踏步口宜采用木条或其他覆盖形式进行保护。

5.3 任务实施

5-1 质检
与维护

质检与维护是保证工程质量的重要工序，也是装配式建筑虚拟仿真实训软件的重要模块之一。主要仿真构件从生产到运输再到工程施工完毕整个流程的各工序节点及过程的质量检验。具体仿真操作如下：

（1）练习与考核计划下达

计划下达分两种情况，第一种：练习模式下学生根据学习需求自定义下达计划。第二种：考核模式下教师根据教学计划及检查学生掌握情况下达计划并分配给指定学生进行训练或考核，如图 5-2 所示。

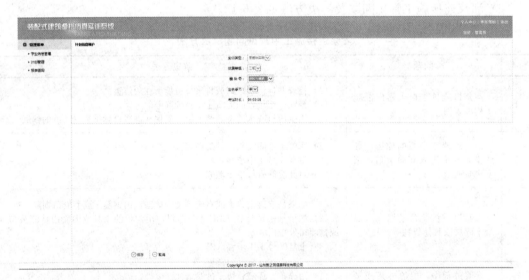

图 5-2 教师计划下达

（2）登录系统查询操作计划

输入用户名及密码登录系统，选择操作模块选择操作计划，如图 5-3 所示。

（3）任务查询

学生登录系统后查询施工任务，根据任务列表，明确任务内容，如图 5-4 所示。

（4）模块选择

系统内包含待质检构件的每个工序节点的操作信息，学生可根据具体的信息及构件内容进行构件检验，如图 5-5 所示。

（5）具体检测

以其中几个检测模块为例进行介绍具体检测方法。

图 5-3　系统登录

图 5-4　计划查询

图 5-5　工序模块质检选择

1）混凝土检测

选择混凝土制作模块，根据混凝土制作过程信息，如：水、水泥、石子等原料配合比数据判断混凝土是否配置合理；根据搅拌时间判断混凝土是否搅拌均匀（混凝土搅拌站搅拌混凝土约 40s 以上）。检测项目包括：配合比、搅拌时间、混凝土坍落度、强度等，对不合理的过程结果进行记录及提出解决方案，如废料、重新制作，如图 5-6 所示。

图 5-6　混凝土质量检测

2）构件运输—构件出场检验

构件出场检验包括：构件尺寸检测（长度、宽度、厚度）、构件强度检测、构件外观检测（平整度、是否麻面、是否露筋等）、构件出场标签等，检测标准依据国家标准进行检测。如板尺寸检测标准为：高度允许偏差为±4mm，厚度允许偏差为±3mm；蜂窝检测：通过观察构件表面受力主筋部位和支撑点位置是否有外露石子等，如图 5-7、图 5-8所示。

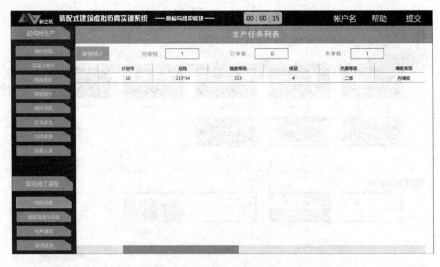

图 5-7　运输构件质量检测

图 5-8 运输构件质量尺寸检测

（6）操作提交

待所有计划的所有模块经过检测完毕并作出解决方案后，任务即操作完毕，此时即可点击"提交"按钮进行操作提交，本次现浇操作结束。提交后，系统会自动对本操作任务的工艺操作、检测结果正确性、安全操作等智能评价，形成考核记录和评分记录供教师或学生查询。

（7）成绩查询及考核报表导出

登录管理端，即可查询操作成绩，并且可以导出详细操作报表，详细报表包括：总成绩、操作成绩、操作记录、评分记录等，如图 5-9 所示。

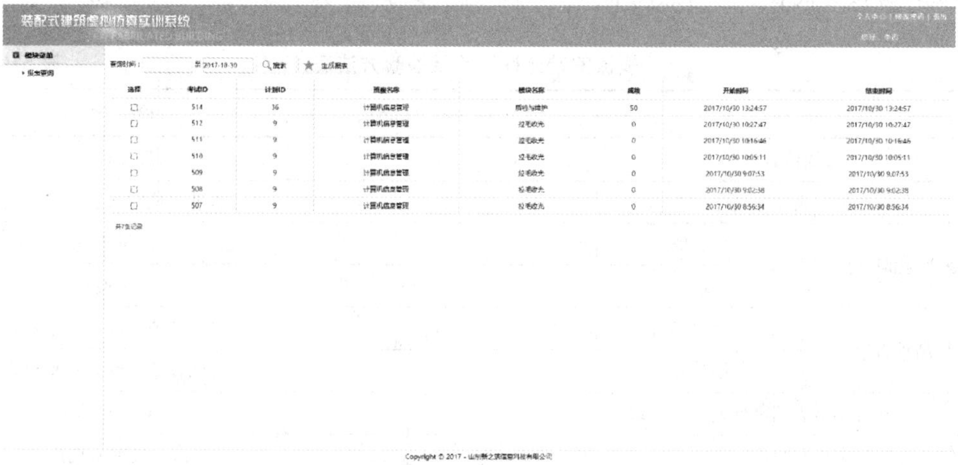

图 5-9 考核成绩查询

5.4 知识拓展

5.4.1 装配式混凝土结构质量检验一般规定

1. 预制构件与预制构件、预制构件与主体结构之间的连接应符合设计要求。

2.装配整体式混凝土结构工程应在安装施工及浇筑混凝土前完成下列隐蔽项目的现场验收：

（1）预制构件与后浇混凝土结构连接处混凝土的粗糙面或键槽。

（2）后浇混凝土中钢筋的牌号、规格、数量、位置、锚固长度。

（3）结构预埋件、螺栓连接、预留专业管线的数量与位置。

本条对装配整体式混凝土结构工程在预制构件安装施工及浇筑混凝土前，应进行的隐蔽项目现场验收作了规定，其他隐蔽项目验收可依据设计和有关技术标准执行。

3.工程应用套筒灌浆接头时，应由生产厂家提供单位提供有效的型式检验报告。

套筒灌浆连接接头应用时，如匹配使用生产单位的灌浆套筒与灌浆料，则可以生产企业提供的合格型式性能检验报告作为验收依据。未获得有效的结构性能检验报告前不得进行构件生产、灌浆施工，以免造成不必要的损失。

5.4.2 模板、钢筋、混凝土质量检验

1. 模板与支撑

（1）预制构件安装临时固定支撑应稳固可靠，应符合设计、专项施工方案要求及相关技术标准规定。

1）检查数量：全数检查。

2）检验方法：观察检查，检查施工记录或设计文件。

（2）装配整体式混凝土结构中后浇混凝土结构模板安装的偏差应符合表 5-14 的规定。

检查数量：在同一检验批内，对梁和柱，应抽查构件数量的 10％，且不少于 3 件；对墙和板，应按有代表性的自然间抽查 10％，且不少于 3 间。

模板安装允许偏差及检验方法表　　　　　　　　　　表 5-14

项目		允许偏差（mm）	检验方法
轴线位置		5	尺量检查
底模上表面标高		±5	水准仪或拉线、尺量检查
截面内部尺寸	柱、梁	+4，−5	尺量检查
	墙	+4，−3	尺量检查
层高垂直度	不大于 5m	6	经纬仪或吊线、尺量检查
	大于 5m	8	经纬仪或吊线、尺量检查
相邻两板表面高低差		2	尺量检查
表面平整度		5	2m 靠尺和塞尺检查

注：检查轴线位置时，应沿纵横两个方向量测，并取其中的较大值。

2. 钢筋

装配整体式混凝土结构中后浇混凝土中连接钢筋、预埋件安装位置允许偏差应符合表 5-15 的规定。

检查数量：在同一检验批内，对梁和柱，应抽查构件数量的 10％，且不少于 3 件；对墙和板，应按有代表性的自然间抽查 10％，且不少于 3 间。

项目		允许偏差（mm）	检验方法
连接钢筋	中心线位置	5	尺量检查
	长度	±10	
灌浆套筒连接钢筋	中心线位置	2	宜用专用定位模具整体检查
	长度	3，0	尺量检查
安装用预埋件	中心线位置	3	尺量检查
	水平偏差	3，0	尺量和塞尺检查
斜支撑预埋件	中心线位置	±10	尺量检查
普通预埋件	中心线位置	5	尺量检查
	水平偏差	3，0	尺量和塞尺检查

检查预埋件中心线位置，应沿纵、横两个方向量测，并取其中较大值。装配整体式混凝土结构中后浇混凝土中钢筋安装位置的偏差应符合上表的规定。该规定中安装用预埋件指用于与预制构件采用焊接或螺栓连接等形式连接用的安装定位预埋件；斜支撑预埋件指用于安装预制构件临时支撑用的预埋件；普通预埋件为除以上两种预埋件外的其余预埋件。

3. 混凝土

（1）装配整体式混凝土结构安装连接节点和连接接缝部位的后浇筑混凝土强度应符合设计要求。

1）检查数量：每工作班同一配合比的混凝土取样不得少于 1 次，每次取样应至少留置 1 组标准养护试块，同条件养护试块的留置组数宜根据实际需要确定。

2）检验方法：检查施工记录及试件强度试验报告。

（2）装配整体式混凝土结构后浇混凝土的外观质量不应有严重缺陷。对已经出现的严重缺陷，应由施工单位提出技术处理方案，并经监理（建设）单位认可后进行处理。对经处理的部位，应重新检查验收。

1）检查数量：全数检查。

2）检验方法：观察检查，检查技术处理方案。

（3）装配整体式混凝土结构后浇混凝土的外观质量不宜有一般缺陷。对已经出现的一般缺陷，应由施工单位按技术处理方案进行处理，并重新检查验收。

1）检查数量：全数检查。

2）检验方法：观察，检查技术处理方案。

5.4.3　结构实体检验

1. 对涉及混凝土结构安全的有代表性的连接部位及进场的混凝土预制构件应进行结构实体检验。结构实体检验应在监理工程师见证下，由施工项目技术负责人组织实施。承担结构实体检验的机构应具有相应资质。

当工程未设监理时，也可由建设单位项目专业技术负责人执行。

2. 结构实体检验分现浇和预制部分，包括混凝土强度、钢筋直径、间距、混凝土保护层厚度及工程合同约定的项目；必要时可检验其他项目。

3. 混凝土强度检验宜采用同条件养护试块或钻取芯样的方法，亦可采用非破损方法进行检测。钻芯法检测混凝土强度宜依据《钻芯法检测混凝土抗压强度技术规程》DB37/T 2368—2013 进行检测，非破损检测混凝土强度宜依据《超声回弹综合法检测混凝土抗压强度技术规程》DB37/T 2361—2013、《后锚固法检测混凝土抗压强度技术规程》DB37/T 2364—2013、《后装拔出法检测混凝土抗压强度技术规程》DB37/T 2365—2013 或《回弹法检测混凝土抗压强度技术规程》DB37/T 2366—2013 进行检测。

4. 当混凝土强度及钢筋直径、间距、混凝土保护层厚度不满足设计要求时，应委托具有资质的检测机构按国家有关标准的规定进行检测鉴定。

5.4.4 装配整体式混凝土结构子分部工程验收

1. 装配整体式混凝土结构工程验收时应提交以下资料：

(1) 工程设计单位确认的预制构件深化设计图，设计变更文件。

(2) 装配整体式混凝土结构工程所用各种材料、连接件及预制混凝土构件的产品合格证书、性能测试报告、进场验收记录和复试报告。

(3) 预制构件安装施工验收记录。

(4) 连接构造节点的隐蔽工程检查验收文件。

(5) 后浇筑节点的混凝土或浆体强度检测报告。

(6) 分项工程验收记录。

(7) 装配整体式混凝土结构实体检验记录。

(8) 工程的重大质量问题的处理方案和验收记录。

(9) 预制外墙的装饰、保温、接缝防水检测报告。

(10) 其他质量保证资料。

本条对装配整体式混凝土结构施工质量资料验收部分作出了要求。

2. 装配整体式混凝土结构工程应在安装施工过程中完成下列隐蔽项目的现场验收：

(1) 钢筋的品种、规格、数量、位置和间距。

(2) 预埋件的规格、数量和位置。

(3) 钢筋连接方式、接头位置、接头数量。

(4) 预制混凝土构件与现浇结构连接处混凝土接茬面的尺寸。

(5) 预制混凝土构件接缝处的防水、防火等构造做法。

本条对装配整体式混凝土结构施工质量隐蔽验收部分作出了要求。

3. 装配整体式混凝土结构中涉及装饰、保温、防水、防火等性能要求应按设计要求或有关标准规定验收。

4. 装配整体式混凝土结构子分部工程施工质量验收应符合下列规定：

(1) 有关分项工程施工质量验收合格。

(2) 质量控制资料完整符合要求。

(3) 观感质量验收合格。

(4) 结构实体检验满足设计和标准要求。

5. 当装配整体式混凝土结构子分部工程施工质量不符合要求时，应按下列规定进行处理：

（1）经返工、返修或更换构件、部件的检验批，应重新进行验收。

（2）经有资质的检测机构检测鉴定能够达到设计要求的检验批，应予以验收。

（3）经有资质的检测单机构检测鉴定达不到设计要求，但经原设计单位核算并认可能够满足结构安全和使用功能的检验批，可予以验收。

（4）经返修或加固处理能够满足结构安全使用功能要求的分项工程，可按技术处理方案和协商文件的要求予以验收。

根据国家标准《建筑工程施工质量验收统一标准》GB 50300—2013 的规定，给出了当施工质量不符合要求时的处理方法。这些不同的验收处理方式是为了适应我国目前的经济技术发展水平，在保证结构安全和基本使用功能的条件下，避免造成不必要的经济损失和资源浪费。

6. 工程质量控制资料应齐全完整。当部分资料缺失时，应委托有资质的检测机构按有关标准进行相应的实体检验或抽样试验。

工程施工时应确保质量控制资料齐全完整，但实际工程中偶尔会遇到因遗漏检验或资料丢失而导致部分施工验收资料不全的情况，使工程无法正常验收。对此可有针对性地进行工程质量检验，采取实体检测或抽样试验的方法确定工程质量状况。上述工作应由有资质的检测机构完成，出具的检验报告可用于施工质量验收。

7. 经返修或加固处理仍不能满足安全或重要使用要求的分项工程及分部工程，严禁验收。

分项工程及分部工程经返修或加固处理后仍不能满足安全或重要的使用功能时，表明工程质量存在严重的缺陷。重要的使用功能不满足要求时，将导致建筑物无法正常使用，安全不满足要求时，将危及人身健康或财产安全，严重时会给社会带来巨大的安全隐患，因此对这类工程严禁通过验收，更不得擅自投入使用，需要专门研究处置方案。

8. 装配整体式混凝土结构子分部工程施工质量验收合格后，应将所有的验收文件存档。

本条提出了对验收文件存档的要求。这不仅是为了落实在合理使用年限内的责任，而且可以为以后的维护、修理、检测、加固，或改变使用功能时提供有效的依据。

5.4.5　钢筋浆锚搭接工艺检验

1. 钢筋浆锚搭接连接工艺检验接头试件可按图 5-10 的形式进行制作。按设计要求混凝土强度等级和工艺要求制作 3 个试件，每个试件设置 3 个接头，钢筋间距同设计要求，两边的钢筋不设螺旋箍筋。

2. 钢筋浆锚搭接连接接头试件应采用现场拟应用的同种灌浆料由灌浆工人模拟现场施工工艺进行灌浆，留置 2 组 6 个规格为 40mm×40mm×160mm 的长方体试块与试件同条件养护。试块达到设计强度时，可对试件进行工艺检验。

3. 钢筋浆锚搭接连接接头试件应进行下列项目检验：

（1）对中间的被连接钢筋进行后锚固承载力检验，检验方法应依据现行行业标准《混凝土结构后锚固技术规程》JGJ 145—2013 的相关规定执行，接头抗拉强度应符合现行行业标准《钢筋机械连接技术规程》JGJ 107—2016 中Ⅰ级接头的要求。

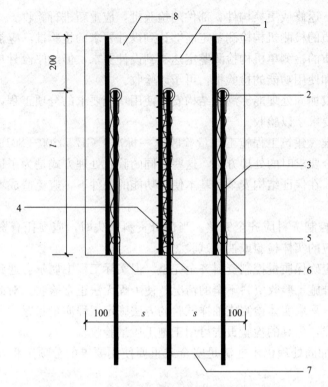

图 5-10　钢筋浆锚搭接连接接头试件

l—锚固长度；s—被连接钢筋间距

1—预埋钢筋；2—出浆口（排气孔）；3—波纹状孔洞；4—螺旋加强筋；

5—灌浆孔；6—弹性橡胶密封圈；7—被连接钢筋；8—混凝土试件

（2）后锚固承载力检验完毕后，采用非破损或破损的方法检验两侧钢筋灌浆的密实度。

小结

通过本部分学习，要求学生掌握以下内容：

1. 掌握预制构件进场、预制构件吊装质量的检查数量和检验方法及成品保护方法。

2. 掌握现场灌浆施工质量检验中进场材料验收（包括套筒灌浆料型式检验报告、灌浆套筒进场检验、灌浆料进场检验）、构件专项检验、套筒灌浆施工质量检验（包括抗压强度检验、灌浆料充盈度检验、灌浆接头抗拉强度检验、施工过程检验）等的检验方法。

3. 掌握以装配式建筑虚拟仿真案例实训平台为基础的质检与维护的详细工程流程。

4. 掌握装配整体式混凝土结构子分部工程验收要求及钢筋浆锚搭接工艺检验方法。

习题

1. 预制构件表面标识通常包括哪些内容？

2. 预制构件的尺寸偏差在检查时数量有什么要求？

3. 预制构件与主体结构之间，预制构件和预制构件之间的钢筋接头如采用机械连接时，接头质量应符合什么要求？

4. 预制构件与主体结构之间，预制构件和预制构件之间的钢筋接头如采用焊接连接时，接头质量应符合什么要求？

5. 装配整体式混凝土结构安装完毕后，预制构件安装尺寸的允许偏差在检查时数量有什么要求？

6. 灌浆套筒进场时，应抽取套筒采用与之匹配的灌浆料制作对中连接接头，并进行抗拉强度检验，其检查数量与检验方法是什么？

7. 灌浆料进场检验内容包括哪些？其检查数量与检验方法是什么？

8. 套筒灌浆料充盈度检验要求是什么？

9. 套筒灌浆接头抗拉强度检验要求是什么？

10. 套筒灌浆施工过程检验要求是什么？

11. 钢筋浆锚搭接连接接头试件应满足什么要求？

12. 钢筋浆锚搭接连接接头试件应进行哪些项目检验？

参 考 文 献

[1] 住房和城乡建设部. GB 50204—2015 混凝土结构工程施工质量验收规范［S］. 北京：中国建筑工业出版社，2015.

[2] 住房和城乡建设部. JGJ 355—2015 钢筋套筒灌浆连接应用技术规程［S］. 北京：中国建筑工业出版社，2015.

[3] 住房和城乡建设部. JG/T 163—2013 钢筋机械连接用套筒［S］. 北京：中国标准出版社，2013.

[4] 住房和城乡建设部. JG/T 408—2013 钢筋连接用套筒灌浆料［S］. 北京：中国标准出版社，2013

[5] 国家建筑标准设计图集. 16G116-1《装配式混凝土结构预制构件选用目录》（一）［M］. 北京：中国计划出版社，2016.

[6] 住房和城乡建设部. JGJ/T 258—2011 预制带肋底板混凝土叠合楼板技术规程［S］. 北京：中国建筑工业出版社，2011.

[7] 住房和城乡建设部. JGJ 1—2014 装配式混凝土结构技术规程［S］. 北京：中国建筑工业出版社，2014.

[8] 山东省建设发展研究院. DB37/T 5020—2014 装配整体式混凝土结构工程预制构件制作与验收规程［S］. 北京：中国建筑工业出版社，2014.

[9] 山东省建筑科学研究院. DB37/T 5019—2014 装配整体式混凝土结构工程施工与质量验收规程［S］. 北京：中国建筑工业出版社，2014.

[10] 住房和城乡建设部住宅产业化促进中心. 装配式混凝土结构技术导则［M］. 北京：中国建筑工业出版社，2015.

[11] 本书编委会. 装配式混凝土结构工程施工［M］. 北京：中国建筑工业出版社，2015.

[12] 山东省建筑工程管理局. 山东省建筑业施工特种作业人员管理暂行办法. 鲁建安监字［2013］16 号

[13] 济南市城乡建设委员会建筑产业化领导小组办公室. 装配整体式混凝土结构工程施工［M］. 北京：中国建筑工业出版社，2015.

[14] 济南市城乡建设委员会建筑产业化领导小组办公室. 装配整体式混凝土结构工程工人操作实务［M］. 北京：中国建筑工业出版社，2015.

[15] 国务院办公厅.《关于大力发展装配式建筑的指导意见》. 北京：国务院办公厅，2016.

[16] "十三五"装配式建筑行动方案. 住房与城乡建设部，建科［2017］77 号. 2017.

[17] 建筑业发展"十三五"规划. 住房与城乡建设部，建市［2017］98 号. 2017.

[18] 北京市住房和城乡建设委员会. DB11/T 1030—2013 装配式混凝土结构工程施工与质量验收规程［S］. 北京市住房和城乡建设委员会，2013.

[19] 中国建筑标准设计研究院. 装配式混凝土结构连接节点构造 G310-1～2［M］. 北京：中国计划出版社，2015.

[20] 中国建筑标准设计研究院. 15G365-1 预制混凝土剪力墙外墙板［M］. 北京：中国计划出版社，2015.

[21] 中国建筑标准设计研究院. 15G365-2 预制混凝土剪力墙内墙板［M］. 北京：中国计划出版社，2015.

[22] 中国建筑标准设计研究院. 15G366-1 桁架钢筋混凝土叠合板（60mm 厚底板）［M］. 北京：中国

计划出版社，2015.

［23］ 中国建筑标准设计研究院. 15G367-1 预制钢筋混凝土板式楼梯［M］. 北京：中国计划出版社，2015.

［24］ 中国建筑标准设计研究院. 15G368-1 预制钢筋混凝土阳台板、空调板及女儿墙［M］. 北京：中国计划出版社，2015.

［25］ 中国建筑标准设计研究院. 15G107-1 装配式混凝土结构表示方法及示例（剪力墙结构）［M］. 北京：中国计划出版社，2015.

［26］ 中国建筑标准设计研究院. 15J939-1 装配式混凝土结构住宅建筑设计示例（剪力墙结构）［M］. 北京：中国计划出版社，2015.